高职高专土建类"十二五"规划教材

建筑装饰工程技术专业

建筑装饰制图与识图

第 2 版

主　编　孙玉红

副主编　王丽红　钟建伟

参　编　（以姓氏笔画为序）

何　晴　谢　勇　曾　静　魏大平

主　审　危道军

机械工业出版社

本书是按照高职高专建筑装饰工程技术专业和相关专业的教学基本要求编写的。本书主要内容包括：制图基本知识，投影的基本知识，点、直线、平面的投影，立体的投影，组合体的投影，轴测投影，建筑形体的表达方法，建筑工程图的识读，建筑装饰工程图，阴影与透视等。

本书可作为高职高专、成人、远程高等教育建筑装饰工程技术专业的教学用书，也可作为高等教育建筑学专业、环境艺术专业的教学参考用书和建筑装饰行业设计、施工以及技术、管理人员的继续教育、岗位培训的教材和实用参考书。

图书在版编目（CIP）数据

建筑装饰制图与识图/孙玉红主编. —2 版. —北京：机械工业出版社，2016.8

高职高专土建类"十二五"规划教材. 建筑装饰工程技术专业

ISBN 978-7-111-54232-2

Ⅰ.①建… Ⅱ.①孙… Ⅲ.①建筑装饰-建筑制图-高等职业教育-教材②建筑装饰-建筑制图-识别-高等职业教育-教材 Ⅳ.①TU238

中国版本图书馆 CIP 数据核字（2016）第 155626 号

机械工业出版社（北京市百万庄大街 22 号　邮政编码 100037）
策划编辑：张荣荣　责任编辑：张荣荣　李宣敏
责任校对：张晓蓉　封面设计：张　静
责任印制：李　飞
北京玥实印刷有限公司印刷
2016 年 9 月第 2 版第 1 次印刷
184mm×260mm · 14.75 印张 · 360 千字
标准书号：ISBN 978-7-111-54232-2
定价：35.00 元

凡购本书，如有缺页、倒页、脱页，由本社发行部调换
电话服务　　　　　　　　　网络服务
服务咨询热线：010-88379833　机工官网：www.cmpbook.com
读者购书热线：010-88379649　机工官博：weibo.com/cmp1952
　　　　　　　　　　　　　　教育服务网：www.cmpedu.com
封面无防伪标均为盗版　金　书　网：www.golden-book.com

第 2 版前言

　　本教材是按照高职高专建筑装饰工程技术专业和相关专业的教学基本要求编写的。本教材体系力求体现高等职业教育以培养高等技术应用型专门人才为根本任务的办学宗旨，强调理论知识够用为度，对画法几何部分介绍精简；同时注重培养学生识读和绘制相关施工图的能力；另外，针对专业特点详细介绍了阴影与透视图。在编写过程中注意加强基本理论知识、技能和能力的训练，贯彻"少而精"的原则，并完全按照国家的新规范和标准编写。

　　本教材由辽宁建筑职业技术学院孙玉红教授任主编，辽宁建筑职业技术学院王丽红和广东科技职业技术学院钟建伟任副主编。具体分工如下：孙玉红编写第 1 章、第 2 章、第 9 章，王丽红编写第 3 章~第 5 章，湖南工程职业技术学院何晴编写第 6 章，广东建设职业技术学院谢勇编写第 7 章，钟建伟编写第 8 章，四川建筑职业技术学院魏大平编写第 10 章，浙江工业大学浙西分校曾静编写第 11 章，本书由危道军主审。

　　在教材编写的过程中，辽宁金帝建筑设计有限公司费继春总经理为本书无偿提供了整套施工图，在此表示衷心的感谢。

　　由于编者水平有限，书中难免有不当之处，希望广大读者批评指正。

编者

目　　录

第1章 绪 论

1.1 建筑装饰制图与识图课程的学习目的

工程图样是工程技术界的共同语言，是用来表达设计意图，交流技术思想的重要工具，也是用来指导生产、施工、管理等技术工作的重要技术文件。识读和绘制工程图是从事建筑业技术工作的专业人员应当具备的基本业务能力和技能。

建筑装饰制图与识图是研究如何用规定的投影法和图示法来表达建筑工程图样和装饰工程图样，培养学生空间想象和思维能力，达到能绘制和识读建筑工程图、装饰工程图及其他相关专业图的能力。是高等职业院校建筑类专业主干技术基础课。

1.1.1 本课程的学习内容

1. 制图基本知识部分

介绍制图工具、仪器、用品的使用方法，建筑及装饰专业的有关国家制图标准和基本规定。

2. 投影作图部分

介绍投影法（主要是正投影法）的基本理论及其应用，为绘制和识读工程图打基础。

3. 专业施工图部分

详细介绍了建筑工程及装饰工程图的种类、图示方法、图示内容和特点，以及绘制和识读工程图样的基本方法。

1.1.2 本课程的学习目标

1）掌握正投影法的基本原理和绘图技能，并能正确地绘制物体的投影图。

2）熟悉并贯彻建筑及装饰专业的国家制图标准和基本规定。

3）掌握建筑和装饰工程图的图示方法、图示内容和识读方法，并能熟练识读施工图样，准确掌握设计意图，运用工程语言，进行有关工程方面的交流，合理地组织和指导施工。

4）培养认真负责的工作态度和严谨细致的工作作风。

1.2 建筑装饰制图与识图课程的学习方法

本课程包括制图的基本知识与技能、正投影法基本原理和投影图、建筑工程图及装饰工程图四部分，是一门既有理论又有实践的技术基础课。本课程的重点和难点是从二维的平面图形想象出三维形体的立体图，这对初学者可能很陌生、很吃力，所以在学习中要有严谨细致、肯于钻研的精神，并做到"三多"，即多看、多练、多画，对所学内容善于分析和应用，并及时归纳总结。下面就本课程的特点及学习方法提出几点意见，供同学们学习时参考。

1）坚定信心，端正态度。自信是做好事情的必要条件，许多同学初学时空间想象力和空间几何问题的分析图解能力较差，因此对自己失去信心，产生畏难情绪。记住学习如逆水行舟，不进则退，只有端正学习态度，刻苦钻研，才能不断进步。

2）培养空间想象能力。本课程图形较多，同学们可借助于模型或立体图，加强图物对照的感性认识，能够从空间到平面并能从平面到空间，直至可以完全依靠自己的空间想象力看图绘图。

3）熟悉和遵守国家标准及有关规定。认真学习国家制图标准中的有关规定，熟记各种代号和图例的含义，按照正确的方法和步骤作图，正确使用绘图工具和仪器。

4）理论联系实际。多观察建筑及装饰工程形体，创造条件到各种建筑装饰场所及施工现场参观，了解建筑物的构造作法、装饰效果以及设备安装方法，并对照施工图进行理解，以便绘图和识图。

5）注重自学能力的培养。学习中做到课前预习，课堂上认真听讲，课后复习并独立完成作业。要不断培养自己的自学能力，对学习中遇到的问题，要努力寻找解决问题的方法，勇于探索，不懈努力。

6）态度认真、工作严谨细致。建筑及装饰工程图中的每一条线和符号都代表着相应的工程内容，一个数字的差错、一条线的疏忽都会造成返工和浪费，因此应严格要求自己，养成认真负责、严谨细致、精益求精的工作作风。

第2章 制图基本知识

学习目标:

1. 了解制图工具的性能,熟练掌握其正确的使用方法。
2. 熟悉和理解国家标准中的各种规定,并在设计、施工、管理中严格执行各有关规定。
3. 掌握常用的几何作图和平面图形的作图方法,能够正确、迅速地绘制出工程图。

学习重点:

1. 制图工具的正确使用方法。
2.《房屋建筑制图统一标准》(GB/T 50001—2010)的有关规定。
3. 5 种几何作图的方法。

学习建议:

1. 利用制图工具做习题集上的图线和字体练习,并抄绘图样。
2. 练熟几种几何作图的方法,为识读和绘图打基础。

2.1 常用的制图工具和仪器

学习建筑装饰制图,首先要了解目前常用的绘图工具和仪器的构造、性能、特点及使用方法,并注意维护、保养,这样才能保证绘图质量,加快绘图的速度。

2.1.1 绘图板、丁字尺、三角板

1. 绘图板

绘图板简称图板,是专门用来固定图纸的长方形案板,一般四周用硬木做成边框,然后双面镶贴胶合板形成板面,如图 2-1 所示。图板的表面要求平整光洁,图板的左边为工作边,要求平直、光滑,以便使用丁字尺。

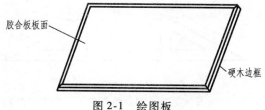

胶合板板面

硬木边框

图 2-1 绘图板

图板的大小选择一般应与绘图纸张的尺寸相适应,表 2-1 是常用的 3 种图板规格。

由于图板是木制品,用后要妥善保存,既不能暴晒,也不能在潮湿的环境中存放,以免翘曲变形。

表 2-1　图板规格　　　　　　　　　　　　　　（单位：mm）

图板规格代号	0	1	2
图板尺寸(宽×长)	920×1220	610×920	460×610

2. 丁字尺

丁字尺是由相互垂直的尺头和尺身两部分组成，尺身沿长度方向带有刻度，如图 2-2 所示。丁字尺主要用于画水平线，使用时左手握住尺头，将尺头内侧紧靠图板左侧工作边，然后上下推动到需要画线的位置，即可以从左向右画水平线。丁字尺尺头不能靠图板的其他边缘滑动、画线。丁字尺不用时应挂起来，不要随便靠在桌边、墙边，以免尺身变形。

3. 三角板

绘图用的三角板，常用的是两块直角三角板，一块 45°×45°×90°，另一块 30°×60°×90°，如图 2-3 所示。

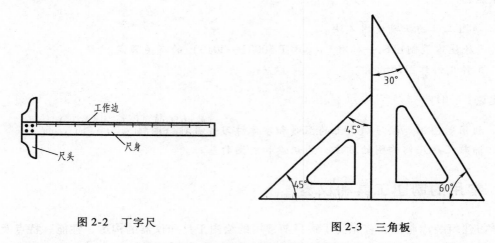

图 2-2　丁字尺　　　　　　　　　　　　　图 2-3　三角板

三角板可与丁字尺配合使用画垂直线及各种角度的倾斜线，如图 2-4 所示。

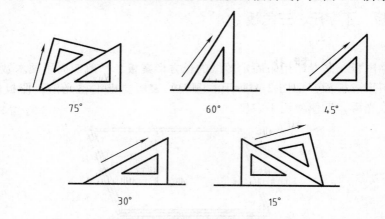

图 2-4　三角板与丁字尺配合画各种不同角度的倾斜线

2. 1. 2　比例尺

通常建筑物的形体较大，因此需要按一定比例缩小绘制到图纸上。比例尺就是用来缩小

（也可以用来放大）图形用的绘图工具，常用的比例尺是三棱比例尺，上有 6 种刻度，即 1:100、1:200、1:300、1:400、1:500 和 1:600，如图 2-5 所示。比例尺只能用来度量尺寸，不能用来画线。

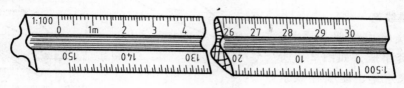

图 2-5　比例尺

2.1.3　圆规和分规

1. 圆规

圆规是用来画圆及圆弧的工具。常用的是组合式圆规，一条腿为固定钢针脚，另一条腿上有插接构造，可插接铅芯插脚、黑线笔插脚、钢针插脚或延伸杆，如图 2-6 所示。

2. 分规

分规是用来截量取线段和等分线段的工具，如图 2-7 所示。它的形状与圆规相似，不同的是它的两肢端部均设有固定钢针。使用时，两针尖应调整到平齐，两针尖应保持尖锐。

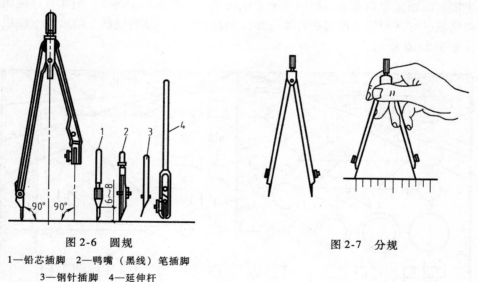

图 2-6　圆规
1—铅芯插脚　2—鸭嘴（黑线）笔插脚
3—钢针插脚　4—延伸杆

图 2-7　分规

2.1.4　绘图笔

1. 铅笔

画图用的铅笔应选择专用的绘图铅笔，铅笔的铅芯有软硬之分，H 表示硬芯铅笔，分别有 H，2H，…，6H，数字越大表示铅芯越硬；B 表示软芯铅笔，分别有 B，2B，…，6B，数字越大表示铅芯越软。HB 表示软硬适中，通常用 H～3H 铅笔画底稿，B～2B 铅笔加深图线，HB 铅笔用于注写文字及数字等。

铅笔通常应削成锥形或扁平形，铅芯长 6～8mm，如图 2-8 所示。画线时，从侧面看笔身要垂直，从正面看，笔身向运动方向倾斜 60°。

2. 绘图墨线笔

绘图墨线笔由针管、通针、吸墨管和笔套组成，如图 2-9 所示，类似自来水笔，能吸存碳素墨水，使用起来非常方便，是目前绘制墨线图的主要工具。绘图

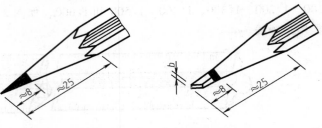

图 2-8　铅芯的长度和形状

笔笔尖的直径有 0.1～1.2mm 粗细不同的规格。画线时针管笔应略向画线方向倾斜，发现出水不通畅时，应上下晃动笔杆，使用通针将针管内的堵塞物穿通并清除。普通的绘图墨线笔在使用之后要及时清洗，以免墨水干燥后堵塞笔头。

图 2-9　绘图墨线笔

2.1.5　模板、曲线板和擦图片

1. 模板

为了提高制图速度和质量，把图样上常用的符号、图例和比例等，刻在有机玻璃的薄板上，做成模板，方便使用。模板的种类很多，如建筑模板、结构模板、给水排水模板、装饰模板等，如图 2-10 所示。

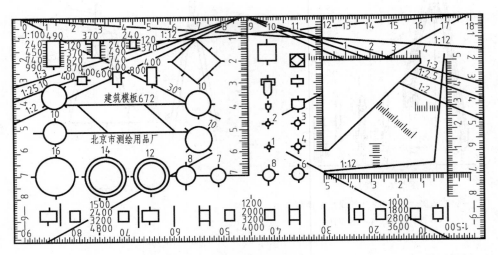

图 2-10　建筑模板

2. 曲线板

曲线板是用以画非圆曲线的工具，如图 2-11 所示。

3. 擦图片

修改图线时，为了防止擦除错误图线时影响相邻图线的完整性而使用擦图片，它是用不锈钢板制成的薄片，薄片上刻有各种形状的模孔，如图 2-12 所示。

图 2-11　曲线板

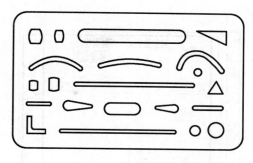

图 2-12　擦图片

使用时，应使要擦去的部分从槽孔中露出，再用橡皮擦拭，以免擦掉相邻其他部分正确的线条。

2.2　制图的基本标准

工程图是建筑设计，工程施工、管理等环节的主要技术文件，也是技术人员之间交流问题的工程语言。为了便于技术交流，建筑图样应达到规格统一、线条图例规范、图面清晰简明的要求，这样有利于提高制图效率，保证图面质量，符合设计、施工、存档的要求，适应工程建设的需要。根据建设部的要求，由建设部会同有关部门共同对《房屋建筑制图统一标准》等6项标准进行修订，批准并颁布了《房屋建筑制图统一标准》（GB/T 5001—2010）、《总图制图标准》（GB/T 50103—2010）、《建筑制图标准》（GB/T 50104—2010）、《建筑结构制图标准》（GB/T 50105—2010）、《给水排水制图标准》（GB/T 50106—2010）和《暖通空调制图标准》（GB/T 50114—2010），并自 2011 年 3 月 1 日起实施。

由于目前装饰制图标准尚未出台，装饰制图沿用了《房屋建筑制图统一标准》（GB/T 50001—2010），以保证建筑装饰工程图和建筑工程图相统一，便于识读、审核和管理。

2.2.1　图纸幅面和规格

1. 幅面

单位工程的施工图应装订成套，为了便于保存和使用，国家标准对图纸的幅面作了规定，如表 2-2 所示。

表 2-2　图纸幅面和规格　　　　　　　　　　　　　　　　（单位：mm）

尺寸代号 ＼ 幅面代号	A0	A1	A2	A3	A4
$b \times l$	841×1189	594×841	420×594	297×420	210×297
c	10			5	
a	25				

注：表中的 a、b、c、l 的含义见图 2-13。

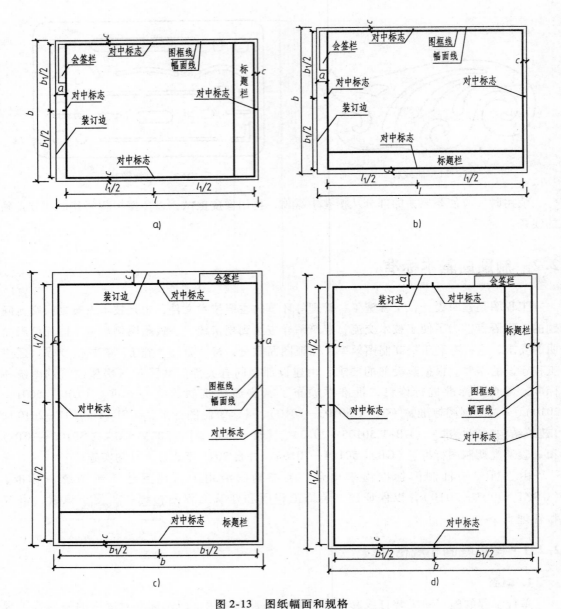

图 2-13　图纸幅面和规格

a）A0～A3 横式幅画①　b）A0～A3 横式幅面②　c）A0～A4 立式幅面①　d）A0～A4 立式幅面②

　　从表中可以看出，A1 幅面是 A0 幅面的对裁，A2 幅面是 A1 幅面的对裁，其余类推。同一项工程的图纸，不宜多于两种幅面。必要时图纸幅面的长边可以加长，但加长的尺寸必须按照国家标准《房屋建筑制图统一标准》（GB/T 50001—2010）的规定，短边一般不应加长。

2. 标题栏与会签栏

　　在每张图纸中，为了方便查阅都应在图框的右下角设置标题栏（俗称图标），标题栏的内容有设计单位名称、工程名称、图样名称、比例、设计日期、设计人、校对人、审核人、项目负责人、专业负责人及注册建筑师或注册结构工程师盖章，如图 2-14 所示。

　　在图框左侧的外面留有会签栏，会签栏是供设计单位在设计期间相关专业互相提供技术

图 2-14　标题栏

条件所用，如图 2-15 所示。

2.2.2　图线

工程图样的内容都是用不同线型的图线来表述的，图线是构成图形的基本元素。图线有粗、中、细之分，图线的宽度 b 宜从下列线宽度系列中选取：1.4mm、1.0mm、0.7mm、0.5mm、0.35mm，图线宽度不应小于 0.1mm。每个图样，应根据复杂程度与比例大小，先选定基本线宽 b，再选用表 2-3 中相应的线宽组。

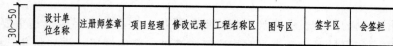

图 2-15　会签栏

表 2-3　线宽组　　　　　　　　　　　　　（单位：mm）

线宽比	线　宽　组			
b	1.4	1.0	0.7	0.5
$0.7b$	1.0	0.7	0.5	0.35
$0.5b$	0.7	0.5	0.35	0.25
$0.25b$	0.35	0.25	0.18	0.13

注：1. 需要缩微的图纸，不宜采用 0.18mm 及更细的线宽。
　　2. 同一张图纸内，各不同线宽中的细线，可统一采用较细的线宽组的细线。

为了使各种图线所表达的内容统一，国家标准对建筑工程图样中图线的种类、用途和画法都作了规定，在工程图样中图线的线型、线宽及其作用见表 2-4。

表 2-4 图线

名 称		线 型	线宽	一 般 用 途
实线	粗	——————	b	主要可见轮廓线
	中粗	——————	$0.7b$	可见轮廓线
	中	——————	$0.5b$	可见轮廓线、尺寸线、变更云线
	细	——————	$0.25b$	图例填充线、家具线
虚线	粗	－ － － － －	b	见各有关专业制图标准
	中粗	－ － － － －	$0.7b$	不可见轮廓线
	中	－ － － － －	$0.5b$	不可见轮廓线、图例线
	细	－ － － － －	$0.25b$	图例填充线、家具线
单点长画线	粗	— · — · —	b	见各有关专业制图标准
	中	— · — · —	$0.5b$	见各有关专业制图标准
	细	— · — · —	$0.25b$	中心线、对称线、轴线等
双点长画线	粗	— ·· — ·· —	b	见各有关专业制图标准
	中	— ·· — ·· —	$0.5b$	见各有关专业制图标准
	细	— ·· — ·· —	$0.25b$	假想轮廓线、成型前原始轮廓线
折断线	细	——/\——	$0.25b$	断开界线
波浪线	细	～～～	$0.25b$	断开界线

2.2.3 字体

工程图除用不同的图线表示建筑及其构件的形状、大小外，字体也是重要的组成部分，它包括文字、数字和符号等。在书写时均应笔画清晰、字体端正、排列整齐，标点符号应清楚正确。文字的字高应从下列高度中选用：3.5mm、5mm、7mm、10mm、14mm、20mm。如需书写更大的字，其高度应按$\sqrt{2}$的比值递增。

1. 汉字

图样及说明中的汉字，宜采用长仿宋体，宽度与高度的关系应符合表 2-5 的规定，大标题、图册封面、地形图等的汉字，也可书写成其他字形，但应易于辨认。

表 2-5 长仿宋体字高宽关系 （单位：mm）

字高	20	14	10	7	5	3.5
字宽	14	10	7	5	3.5	2.5

长仿宋体要笔划粗细一致、横平竖直、起落分明、顿挫有力、结构匀称，如图 2-16 所示。

结构施说明比例尺寸长宽高厚砖瓦
木石土砂浆水泥钢筋混凝截校核梯
门窗基础地层楼板梁柱墙厕浴标号
制审定日期一二三四五六七八九十

图 2-16 长仿宋字体示例

2. 拉丁字母和数字

拉丁字母、阿拉伯数字与罗马数字的书写与排列应符合表 2-6 的要求。

表 2-6　拉丁字母、阿拉伯数字与罗马数字书写规则

书 写 格 式	一 般 字 体	窄 字 体
大写字母高度	h	h
小写字母高度（上下均无延伸）	$(7/10)h$	$(10/14)h$
小写字母伸出的头部或尾部	$(3/10)h$	$(4/14)h$
笔画宽度	$(1/10)h$	$(1/14)h$
字母间距	$(2/10)h$	$(2/14)h$
上下行基准线最小间距	$(15/10)h$	$(21/14)h$
词间距	$(6/10)h$	$(6/14)h$

拉丁字母、阿拉伯数字与罗马数字在工程图上的书写分正体和斜体两种，但同一张图纸上一定要统一。如需写成斜体字，其斜度应是本字的底线逆时针向上倾斜 75°。拉丁字母、阿拉伯数字与罗马数字的字高，应不小于 2.5mm，如图 2-17 所示。

图 2-17　字母、数字示例

2.2.4　比例

图样的比例，应为图形与实物相对应的线性尺寸之比，比例的大小，是指其比值的大小，如图样上某线段长为 1.00m，而实物上与其相对应的线段长为 50m，那么它的比例为

$$\frac{图线上的线段长度}{实物上的线段长度} = \frac{1.00\text{m}}{50\text{m}} = \frac{1}{50}$$

比例宜注写在图名的右侧，字的基准线应取平，比例的字高宜比图名的字高小一号或两号，如图 2-18 所示。

绘图所用的比例，应根据图样的用途与被绘对象的复杂程度从表 2-7 中选取，并优先选用常用比例，一般情况下，一个图样应选用一种比例，根据专业制图需要，同一图样也可选用两种比例。

图 2-18　比例的注写

表 2-7　绘图所用比例

常用比例	1:1、1:2、1:5、1:10、1:20、1:50、1:100、1:150、1:200 1:500、1:1000、1:2000、1:5000、1:10000、1:20000 1:50000、1:100000、1:200000
可用比例	1:3、1:4、1:6、1:15、1:25、1:30、1:40、1:60、1:80 1:250、1:300、1:400、1:600

2.2.5　尺寸标注

工程图中的图形除了按比例画出建筑或构筑物的形状外，还必须标注完整的实际尺寸，作为施工的依据。

1. 尺寸的组成

图样上的尺寸，包括尺寸界线、尺寸线、尺寸起止符号和尺寸数字，如图 2-19 所示。

1) 尺寸界线应用细实线绘制，一般应与被注长度垂直，其一端应离开图样轮廓线不小于 2mm，另一端宜超出尺寸线 2~3mm。图样轮廓线可用作尺寸界线，如图 2-20 所示。

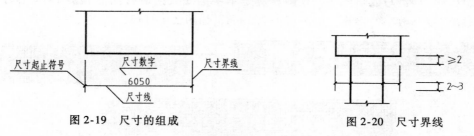

图 2-19　尺寸的组成　　　　　　　图 2-20　尺寸界线

2) 尺寸线应用细实线绘制，应与被注长度平行。图样本身的任何图线均不得用作尺寸线。

3) 尺寸起止符号一般用中粗斜短线绘制，其倾斜方向应与尺寸界线成顺时针 45°角，长度宜为 2~3mm，半径、直径、角度与弧长的尺寸起止符号，宜用箭头表示，如图 2-21 所示。

4) 尺寸数字、图样上的尺寸，应以尺寸数字为准，不得从图上直接量取。尺寸单位除标高及总平面以米为单位外，其他必须以毫米为单位，尺寸数字的方向应按图 2-22a 所示的规定注写。若尺寸数字在 30°斜线区内，宜按图 2-22b 所示的规定注写。

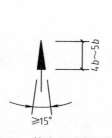

图 2-21　箭头尺寸起止符号

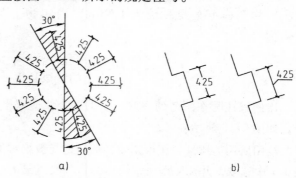

图 2-22　尺寸数字的注写方向

尺寸数字一般应依据其方向注写在靠近尺寸线的上方中部，如没有足够的注写位置，最外边的尺寸数字可注写在尺寸界线的外侧，中间相邻的尺寸数可错开注写，如图2-23所示。

图 2-23　尺寸数字的注写位置

2. 尺寸标注示例（表2-8）。

表 2-8　尺寸标注示例

标注内容	示　　例	说　　明
圆及圆弧	Φ600　Φ600　R300	标注圆的直径或圆弧的半径时，按此图例绘制
大圆弧	R150　R150	在图样范围内标注圆心有困难（或无法注出）时，可按左图标注
小尺寸圆及圆弧	Φ4 Φ12 Φ24 Φ24　Φ16 Φ16　R5 R10 R16 R16	小尺寸的圆及圆弧可按此图例标注
球面	SΦ180　SR30	在标注球的直径或半径时，应在"φ"或"R"前加符号"S"
角度	136° 75°20′ 47° 5° 6°40′ 90°　60°	角度的尺寸线是以所注角的顶点为圆心所画的弧；尺寸界线是该角的两个边；起止符号应以箭头表示，如没有足够位置画箭头，可用圆点代替；角度数字应一律水平方向书写

(续)

标注内容	示 例	说 明
弧度和弦长		尺寸界线应垂直于该圆弧的弦;如标注的是弧长,尺寸线是与该圆弧同心的圆弧,起止符号应以箭头表示,弧长数字的上方应加注圆弧符号;如标注的是弦长,尺寸线应是平行于弦的直线,起止符号用中粗斜短线表示
正方形		如需在正方形的侧面标注其尺寸,除可用"边长×边长"外,也可在边长数字前加正方形符号"□"
薄板厚度		在薄板板面标注板厚尺寸时,应在厚度数字前加厚度符号"t"
坡度		标注坡度时,在坡度数字下,应加坡度符号(图 a、b)。坡度符号的箭头,一般应指向下坡方向。坡度也可用三角形的形式标注(图 c)
曲线轮廓		外形为非圆曲线的构件,可用坐标形式标注尺寸
连续排列的等长尺寸		可用"个数×等长尺寸(=总长)"的形式标注

2.3　制图的一般方法和步骤

绘制工程图是一项系统工程，为了保证绘图的质量，提高绘图的速度，除正确使用绘图仪器与工具，严格遵守国家制图标准外，还应注意绘图的方法和步骤。

1. 准备工作

1）准备好所用的工具和仪器，并将工具、仪器用干净的抹布或纸巾擦拭干净。

2）将图纸用胶带纸或专用的图钉固定在图板上，一般是按对角线方向顺次固定，位置要适当。一般将图纸粘贴在图板的左下方，图纸下边至图板边缘的距离略大于丁字尺的宽度。

2. 画底稿

1）按国家制图标准的要求，首先画图纸外框，再画图框和标题栏。

2）根据所绘图样的大小、比例、数量进行合理的图面布置，定好图形的中心线，并注意给尺寸标注留有足够的位置。

3）画图形的主要轮廓线，由大到小，由整体到局部，直至画出所有轮廓线。底图的图线应轻淡，能看清图形的形状大小即可。

4）画尺寸界线、尺寸线、剖面符号以及其他符号。

5）最后仔细检查底图，确定准确无误后，擦去多余的底稿图线。

3. 铅笔图

1）先加深图样，按照水平线从上到下，垂直线从左到右的顺序一次完成，如有曲线与直线相连时，先画曲线，后画直线，加深后的同类图线，其粗细和深浅要保持一致。

2）各类线型的加深顺序是：中心线、粗实线、虚线、细实线。

3）画尺寸起止符号和箭头，标注尺寸数字，写图名、比例及文字说明。

4）画标题栏，并填写标题栏内的文字。

5）检查全图，如有错误和缺点及时修正。

6）加深图框线。

图样加深完后，应做到图面干净、准确无误、线型分明、布图合理。

4. 墨线图

为了满足工程上的需要，常常用墨线把工程图绘制在透明的硫酸纸上作为底图，然后复制到晒图纸上（俗称蓝图），所以说墨线图有更广泛的实用性，其绘制步骤为：

1）画细线（包括细点划线、细实线等）。

2）画中粗线，并要注意线条的交接部位的连接。

3）画图时应当遵循的基本原则是：先细后粗，先左后右，先上后下，先短后长，由于墨线图修改起来比较困难，尽量避免发生错误，一旦出错，应等墨线干了以后，用刀片刮去需要修改的部分。

2.4　几何作图

为了能够正确、迅速地绘制出工程图中的平面图形，必须熟练地掌握几种基本几何形体的绘制技巧。

1. 作直线的平行线

步骤：

1）已知直线 *AB* 和点 *C*。

2）用三角板的一边与直线 *AB* 重合，另一块三角板的一边与前一个三角板的另一边紧靠。

3）移动前一块三角板至点 *C*，画出直线 *CD*，即为所求，如图 2-24 所示。

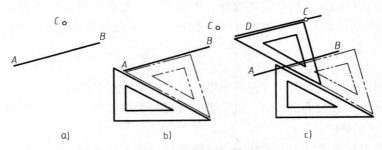

图 2-24　过已知点作已知直线的平行线

2. 作直线的垂直线

步骤：

1）已知直线 *AB* 和点 *C*。

2）先用 45°三角板的一直角边与 *AB* 重合，再使它的斜边紧靠另一块三角板。

3）移动 45°三角板一直角边到点 *C*，画出直线即为所求，如图 2-25 所示。

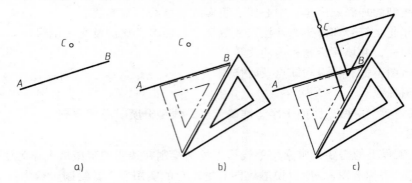

图 2-25　过已知点作已知直线的垂直线

3. 分两平行线之间的距离为已知等分

步骤：

1）已知直线 *AB* 和 *CD*。

2）将刻度尺的 0 点置于直线 *CD* 上，等分几份，就把刻度是几落在直线 *AB* 上，假如是 5 等分，就把刻度 5 落在直线 *AB* 上，得到 1、2、3、4 点。

3）过各点作直线 *AB* 的平行线，即为所求，如图 2-26 所示。

4. 用圆弧连接两直线

步骤：

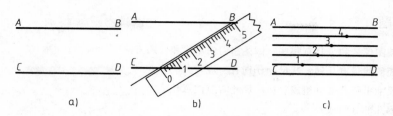

图 2-26　分两平行线间的距离为 5 等分

1）已知两直线 M、N 和连接弧的半径 R。

2）分别作出与直线 M、N 平行且相距值为 R 的两直线，交点 O 即所求圆弧的圆心。

3）过点 O 分别作直线 M 和 N 的垂线，垂足 T_1 和 T_2 即所求的切点。

4）以 O 为圆心，R 为半径，作圆弧 $T_1 T_2$ 即为所求，如图 2-27 所示。

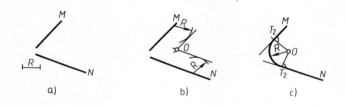

图 2-27　用已知半径 R 的圆弧连接两相交的直线

5. 作圆内接正六边形

步骤：

1）已知：圆的半径 R。

2）以半径 R 为长，在圆周上截得 1、2、3、4、5、6 点。

3）按照顺序连接 1、2、3、4、5、6 点，即为所求的正六边形，如图 2-28 所示。

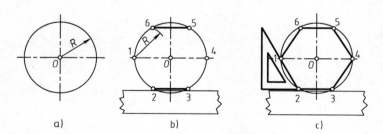

图 2-28　圆内接正六边形的作法

本章小结

本章首先介绍了绘制施工图常用的工具和仪器的种类、作用及使用方法，然后介绍《房屋建筑制图统一标准》（GB/T 50001—2010）的基本内容，即图纸幅面、图线、文字、比例、尺寸组成等制图基本知识，最后详细介绍了多种几何图形的作图原理、方法以及绘制工程图的一般方法和步骤。

思考题与习题

1. 常用的制图仪器和工具有哪些？试述它们的用途和使用方法？
2. 图纸幅面的代号有几种？其尺寸分别有何规定？
3. 图样的尺寸由哪几部分组成？标注尺寸时应注意什么？
4. 尺寸由哪几部分组成？
5. 分两平行线间的距离为 5 等分。
6. 制图的步骤有哪些？

实习与实践

研读国家各类制图标准和规范，经常到设计单位参加实践。

第3章 投影的基本知识

学习目标：

1. 理解投影的基本概念和分类。
2. 熟练掌握正投影图及其特性。
3. 理解并掌握三面投影体系，熟记并掌握三面投影图中的方位关系、三等关系。

学习重点：

1. 正投影图及其特性。
2. 三面投影图中的方位关系、三等关系。

学习建议：

1. 注意日常生活中产生"影子"的自然现象，抽象思维出投影的一般规律。
2. 观察三面投影体系的实物模型，并将其展开，帮助理解三个投影图中的各种关系，理解投影规律。
3. 本章的内容属于基本知识概念，学习中以弄清基本概念为主。

工程图样是依据投影原理形成的，绘图的基本方法是投影法。因此，要看懂工程图，必须了解投影的规律及成图原理。

3.1 投影的概念

3.1.1 投影法

在日常生活中，存在着投影现象。例如，物体在日（灯、烛）光的照射下，留在地面或墙上的影子，这个过程就是投影过程。把阳光、灯泡等光源抽象为投射中心，把地面、墙壁抽象为投射面，把看不见的光称为投影线，这三者构成了投影体系。

把物体置入投影体系中，在投影面上就得到了影子；并将物体的所有内外表面交线全都表示出来，且沿投影方向凡可见的轮廓线画实线，不可见的轮廓线画虚线。这样，物体的影子就发展成为投影图（简称投影），如图 3-1 所示。这种把空间立体转化为平面图形的方法，叫做投影法。

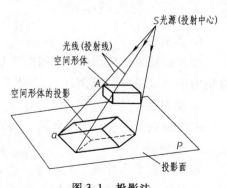

图 3-1 投影法

3.1.2 投影法的分类

按投射线的不同情况，投影可分为中心投影法和平行投影法两大类。

1. 中心投影法

投射线都从投射中心一点发出，在投影面上作出形体投影的方法为中心投影法，所得投影为中心投影，如图3-2所示。中心投影法是由投影面和投射中心确定的。物体在投影面和投射中心之间移动时，其中心投影大小不同，物体越靠近投射中心投影越大，反之越小。

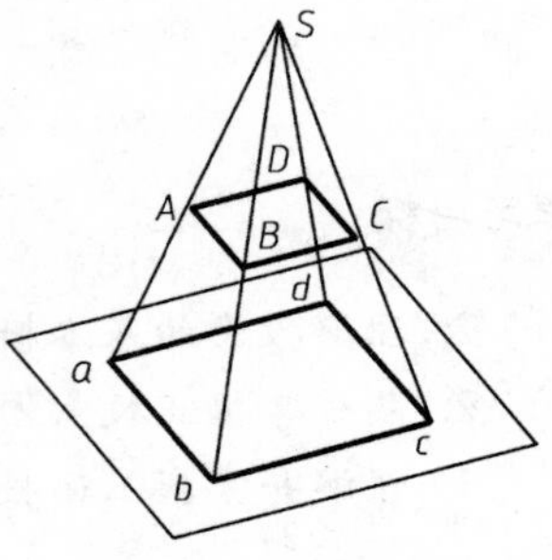

2. 平行投影法

投射线互相平行时的投影法为平行投影法，所得投影为平行投影。

图 3-2　中心投影法

平行投影法又分为两种：

1）投射线与投影面倾斜时为斜投影法，所得投影为斜投影，如图3-3a所示。

2）投射线与投影面垂直时为正投影法，所得投影为正投影，如图3-3b所示。

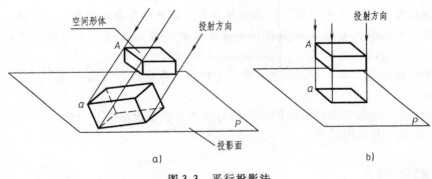

图 3-3　平行投影法

a）斜投影　b）正投影

平行投影法是由投影面和投射方向确定的。物体沿着投射方向移动时，物体的投影大小不变。

3.1.3 正投影的基本特性

1. 类似性

点的正投影仍然是点，直线的正投影一般仍为直线（特殊情况例外），平面的正投影一般仍为平面（特殊情况例外），如图3-4所示。

2. 实形性

若线段或平面平行于投影面，则它们的正投影反映实长或实形，如图3-5所示。

3. 积聚性

若直线或平面垂直于投影面，则直线的正投影积聚为一点，平面的正投影积聚为一直线，这样的投影叫做积聚投影，如图3-6所示。

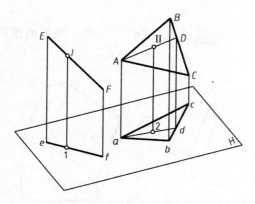

图 3-4 正投影的类似性

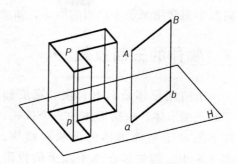

图 3-5 正投影的实形性

3.1.4 工程上常用的投影图

1. 透视投影图

用中心投影法在投影面上绘制的投影图，一般称为透视投影图（图 3-7a）。透视投影图跟人的眼睛在投射中心位置时所看到该物体的形象一样，显得十分逼真，但物体各部分的真实形状和大小都不能直接在图中反映和度量。透视图可作为表现房屋外貌、室内装饰与布置的视觉形象的效果图。

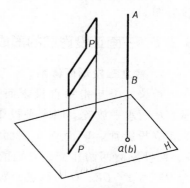

图 3-6 正投影的积聚性

2. 轴测投影图

轴测投影图为单面平行投影。该图同样具有较强的立体感，作图方法较复杂，度量性较差，只能作为工程图的辅助图样（图 3-7b）。通常使用轴测投影图来绘制给水排水、采暖通风和空气调节等方面的管道系统图。

3. 正投影图

通常采用多面正投影图。首先要在空间建立一个投影体系（由若干个投影面组成），然后把一个形体用正投影的方法画出其在各个投影面上的正投影图，称为多面正投影图（图 3-7c）。正投影图为平面图样，直观性差，没有立体感，但作图方法简便，在投影图中能够很好地反映空间形体的形状、大小，度量性好。因此正投影图是工程图中主要的图示方法。

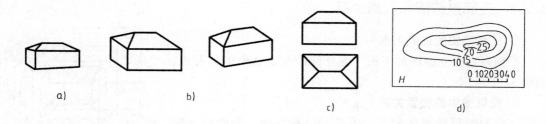

图 3-7 常见的几种投影图

a) 透视图　b) 轴测图　c) 正投影图　d) 标高投影图

22

4. 标高投影图

标高投影图是一种带有高度数字标记的水平正投影图（图3-7d）。它是一种单面投影。标高投影图常用来表示地面的形状，如地形图等。

3.2 物体的三面投影

由于空间形体是具有长度、宽度和高度的三维形体，根据形体的一个投影，一般不能确定空间形体的形状和结构，如图3-8中，两物体在水平面上的投影完全相同。因此工程上一般采用三面正投影图。

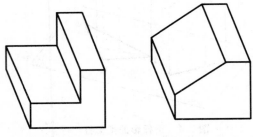

图3-8 两物体在水平面上的投影完全相同

3.2.1 三面正投影图的形成

1. 建立三投影面体系

设置三个互相垂直投影面 H、V、W，如图3-9所示。H 面水平放置。叫水平投影面；V 面立在正面，称为正立投影面。W 面立在侧面，称为侧立投影面。H、V、W 投影面两两相交，它们的交线称为投影轴，分别为 OX、OY、OZ，O 为原点，如图3-9所示。

2. 三面正投影图的形成

将物体置入三面投影体系中，放置物体时尽量让形体的各个表面与投影面平行或垂直。分别向三个投影面进行正投影，在 H、V、W 面上的投影图分别叫做水平投影图、正面投影图和侧面投影图，如图3-10所示。

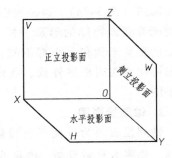

图3-9 三投影面体系

3. 投影图展开

为了方便作图，将互相垂直的三个投影面展开在一个平面上。规定：V 面不动，H 面绕 OX 轴向下旋转90°，W 面绕 OZ 轴向右旋转90°。这样，就得到了位于同一个平面上的三个正投影图，也就是物体的三面正投影图，如图3-11所示。

3.2.2 三面投影图的投影关系

1. 三面视图的位置关系

平面图在正立面图的下面，侧立面图在正立面图的右边，如图3-11所示。

2. 投影图中的位置关系

正立面图反映物体的上、下和左、右方向；平面图反映物体的左、右和前、后方向；侧立面图反映物体的上、下和前、后方向，如图3-12所示。

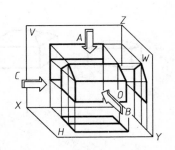

图3-10 投影图的形成

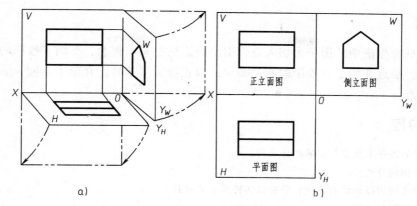

图 3-11　投影图的展开

a）投影图的展开示意图　b）投影的展开图

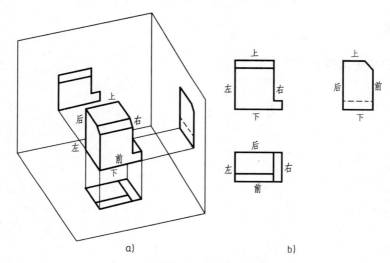

图 3-12　三面投影图中的位置关系

a）立体图　b）投影的展开图

3. 投影图中的三等关系

　　对于同一形体而言，三面正投影图中各个投影图之间是相互联系的。从图 3-13 中可以看出，正面投影图和水平投影图左右对正，长度相等；正面投影图和侧面投影图上下对齐，高度相等；水平投影图和侧面投影图前后对应，宽度相等。这一投影规律称为"三等"关系，即"长对正、高平齐、宽相等"。

　　由于物体的三面正投影图反映了物体三个方面（上面、正面和侧面）的形状和三个方向（长向、宽向、高向）的尺寸，因此三面正投影图通常是可以确定物体的形状和大小的。

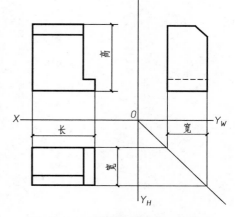

图 3-13　三面投影图中的三等关系

本章小结

本章以日常生活中的影子为切入点，引出投影法的基本概念，介绍了投影的分类和各自的使用范围。重点介绍了正投影的相关知识，以正投影为基础，介绍了三面投影体系的形成及其投影特点。

思考题与习题

1. 试述投影的基本概念和组成部分名称。
2. 投影法如何分类？
3. 工程中常用的投影图有几种？分别由何种投影法得到？
4. 正投影有哪些特性？
5. 三面视图中的对应关系有哪些？

实习与实践

观察日常生活中的投影。

第4章　点、直线和平面的投影

学习目标：

1. 掌握点的基本投影规律，理解利用点的投影规律补画点的投影图的方法。
2. 掌握直线的基本投影规律，各种位置直线的投影特性，判断直线的类型。
3. 理解平面的表示方法，掌握平面的基本投影规律及各种位置平面的投影特性，判断平面的空间位置。
4. 了解直线的实长及其与投影面的倾角的求法，理解两直线的相对位置关系。
5. 了解平面上找点作线的方法。

学习重点：

1. 点的基本投影规律，补画点的投影图的方法。
2. 直线的基本投影规律，作各种位置直线的投影，判断直线的类型。
3. 平面的基本投影规律，作各种位置平面的投影，判断平面的空间位置。

学习建议：

1. 从认真观察模型演示的空间情况入手，分析和掌握点、线、面的投影规律。
2. 通过点、线、面的空间位置与投影的互换，逐步建立起空间概念。
3. 将工程和日常生活中接触的物体的投影与本章内容结合起来进行学习，加深理解和记忆。

点、线（直线或曲线）、面（平面或曲面）是构成任何工程结构物最基本的 3 种几何元素。本章研究点、线、面的投影原理，为在平面上图示各种工程结构物和解决某些空间几何问题打下理论基础。

4.1　点的投影

4.1.1　点的三面投影

1. 点的三面投影

在三面投影体系中，作出点 A 三面正投影 a、a'、a''，并将三个投影面展开在一个平面上，如图 4-1 所示。空间点 A 与其三面投影具有一一对应的关系。

2. 点的三面投影规律

如图 4-1a 所示，投影线 Aa 和 Aa' 构成的平面 $Aaa_X a'$ 垂直于 H 面和 V 面，则必垂直于 OX 轴，因而 $Aa \perp OX$，$a'a_X \perp OX$。当 a 随 H 面绕 OX 轴旋转与 V 面平齐后，a、a_X、a' 三点

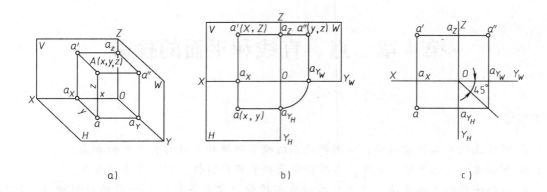

图 4-1　点的三面正投影

a）立体图　b）投影图　c）去边框后的投影图

共线，且 $a'a \perp OX$，如图 4-1c 所示。同理可得，点 A 的正面投影与侧面投影的连线垂直于 OZ 轴，即 $a'a'' \perp OZ$。

点 A 的水平投影 a 到 OX 轴的距离和侧面投影 a'' 到 OZ 轴的距离均反映该点到 V 面的距离，$aa_X = a''a_Z =$ 点 A 到 V 面的距离。

综上所述，点的三面投影规律为：

1）点的正面投影 a' 与水平投影 a 的连线垂直于 OX 轴。

2）点的正面投影 a' 与侧面投影 a'' 的连线垂直于 OZ 轴。

3）点的水平投影 a 到 OX 轴的距离等于侧面投影 a'' 到 OZ 轴的距离。

3. 点的投影图的画法

（1）坐标法。点在空间的位置可用坐标来确定。在图 4-1a 中，点 A 的坐标可表示为 A (x, y, z)，其中点 A 的 x 坐标反映点 A 到 W 面的距离，点 A 的 y 坐标反映点 A 到 V 面的距离，点 A 的 z 坐标反映点 A 到 H 面的距离，即 $x = Aa''$，$y = Aa'$，$z = Aa$。

点的一个投影能反映两个坐标，反之点的两个坐标可确定一个投影。H 面投影由 x、y 坐标决定，即 a (x, y)；V 面投影由 x、z 坐标决定，即 a' (x, z)；W 面投影由 y、z 坐标决定，即 a'' (y, z)。

（2）45°辅助线法。根据点的投影规律可采用 45°辅助线法作出点的投影图，如图 4-1c 所示。

4.1.2　两点的相对位置和重影点

1. 两点的相对位置

在投影体系中，空间两点的相对位置是由该两点对于各投影面的距离差即坐标差来决定的，即左右、前后、上下。如果 $\Delta X > 0$，则表示后者在前者的左侧，否则在右侧；如果 $\Delta Y > 0$，则表示后者在前者的前侧，否则在后侧；如果 $\Delta Z > 0$，则表示后者在前者的上侧，否则在下侧。如图 4-2 中根据坐标差 ΔX、ΔY、ΔZ 来判断点 B 在点 A 的左、前、下。

2. 重影点

如果空间两点的某两个坐标相同，这两点就位于某一投影面的同一条投射线上，且这两点在该投影面上的投影重合为一点，这两点就称为该投影面的重影点。

假定观察者沿投射线方向去观察两点，则势必会有一点看得见，另一点看不见，这就是重影点的可见性问题。从上向下看，上面一点看得见，下面一点看不见；从前向后看，前面一点看得见，后面一点看不见；从左向右看，左面一点看得见，右面一点看不见。即坐标值大的投影可见，坐标值小的投影不可见。在投影图上判别重影点的可见性时，要求把看不见的点的投影符号用括号括起来。如图 4-3 所示，点 A 在点 B 正前方，点 C 在点 D 的正上方，点 E 在点 F 正左方。

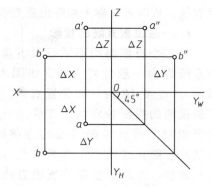

图 4-2　相对坐标

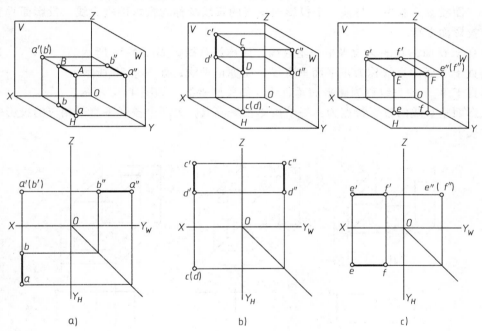

图 4-3　重影点及其可见性的判断

a) 点 A、B 的投影图　b) 点 C、D 的投影图　c) 点 E、F 的投影图

4.2　直线的投影

4.2.1　直线投影特性

一般情况下，直线的投影仍为直线。由于两点决定一直线，因而只要作出直线上任意两点（通常为直线段的端点）的投影，并将其同面投影用粗实线连线，即可确定直线的投影（图 4-4）。

根据直线对投影面的相对位置，直线可分为一般位置直线、投影面的平行线、投影面的垂直线，后两者统称为特殊位置直线。

1. 一般位置直线的投影

对三个投影面均不平行又不垂直的直线称为一般位置直线。如图 4-4 所示，直线 *AB* 为一般位置直线，其三面投影的投影特性为：直线的三面投影相对于各投影轴而言均为斜线，直线的投影长度均小于直线实长且没有积聚性，直线的投影不反映直线对投影面倾角的真实大小。

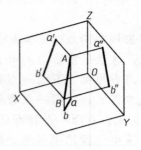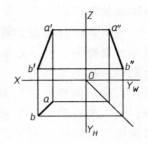

图 4-4　直线的投影

2. 投影面垂直线的投影

在三面投影体系中，与某一个投影面垂直的直线统称为投影面垂直线，投影面垂直线与另两个投影面平行。

垂直于 *H* 面的直线称为水平面垂直线，简称铅垂线，如图 4-5a 所示。

垂直于 *V* 面的直线称为正平面垂直线，简称正垂线，如图 4-5b 所示。

垂直于 *W* 面的直线称为侧平面垂直线，简称侧垂线，如图 4-5c 所示。

投影面垂直线的投影特点为：一个投影积聚成点，另两个投影垂直于相应的投影轴，且反应实长。

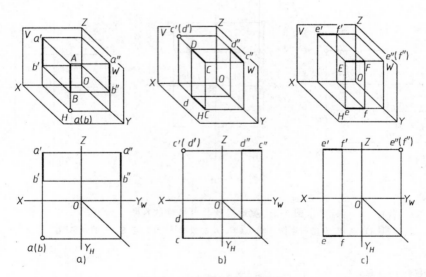

图 4-5　投影面的垂直线
a）铅垂线　b）正垂线　c）侧垂线

3. 投影面的平行线

在三面投影体系中，与某一个投影面平行的直线统称为投影面平行线。

平行于 *H* 面，倾斜于 *V*、*W* 面的直线称为水平面平行线，简称水平线，如图 4-6a 所示。

平行于 *V* 面，倾斜于 *H*、*W* 面的直线称为正立面平行线，简称正平线，如图 4-6b 所示。

平行于 *W* 面，倾斜于 *H*、*V* 面的直线称为侧立面平行线，简称侧平线，如图 4-6c 所示。

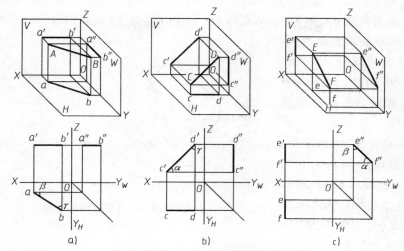

图 4-6 投影面的平行线

a）水平线　b）正平线　c）侧平线

投影面平行线的投影特点为：一个投影反映实长并反映两个倾角的真实大小，另两个平行于相应的投影轴。

【例 4-1】 判断图 4-7 中各直线对投影面的相对位置。

解： 从图 4-7 可知，图示投影为 V 面、H 面的两面投影。

$a'b'$ 与 ab 两个投影均倾斜于投影轴 OX，根据投影特性和读图判断条件，AB 一定是一般位置线。

$c'd' \perp OX$，$cd \perp OX$，即 $c'd' \mathbin{/\!/} OZ$、$cd \mathbin{/\!/} OY$，根据投影特性和读图判断条件，CD 一定是侧平线。

$e'f'$ 在 V 面积聚为一点，根据投影特性和读图判断条件，EF 一定是正垂线。

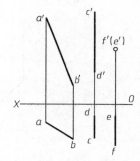

图 4-7　判断直线对投影面的相对位置

4.2.2　直线上的点

如图 4-8 所示，直线上的点具有两个特性：

1）从属性。若点在直线上，则点的各个投影必在直线的各同面投影上。利用这一特性可以在直线上找点，或判断已知点是否在直线上。

2）定比性。属于线段上的点分割线段之比等于其投影之比，即

$$AC:CB = ac:cb = a'c':c'b' = a''c'':c''b''$$

4.2.3　直线的实长及其与投影面的倾角

特殊位置直线如投影面的垂直线和投影面的平行线可由投影图直接定出直线段的实长和对投影面的倾角。

对一般位置直线来说，其实长和倾角不能直接在投影图中定出，可根据投影用作图的方法来求得，这种方法是直角三角形法。

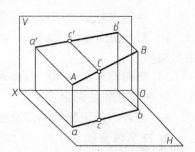

图 4-8　直线上的点

如图 4-9a 所示，在直角三角形 AA_1B 中，斜边 AB 为线段实长，直角边 BA_1 为水平投影 ab 之长，另一条直角边 AA_1 则为 AB 两点的 z 坐标差，斜边 AB 与直角边 AA_1 夹角为倾角 α。

用直角三角形法求直线段 AB 的实长和对 H 面的倾角 α，其作图方法如图 4-9b 所示。图中 ab、$a'b'$ 是一般位置线 AB 的两面投影，为已知条件。

过 ab 的端点 a 引 ab 的垂线，在该垂线上量取 $aA_0 = a'b'_1$（$a'b'_1$ 为 A、B 两点的 z 坐标之差），连接 bA_0，得一直角三角形。在此直角三角形中，斜边 bA_0 之长即为直线段 AB 的实长，α 为所求倾角。

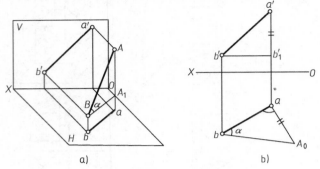

图 4-9　求直线的实长和 α

a）立体图　b）投影图

同理可求出直线段对 V 面的倾角 β，如图 4-10 所示。

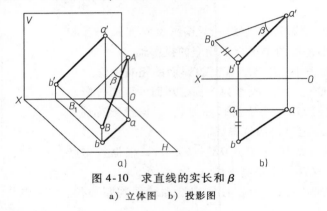

图 4-10　求直线的实长和 β

a）立体图　b）投影图

4.2.4　两直线的相对位置

空间两直线的相对位置有三种情况：平行、相交（斜交或直交）、交叉。

1. 相交两直线

（1）投影特点：分析图 4-11 可知，空间两直线相交，则其同面投影必相交，且交点符合点的投影规律。

（2）两直线相交的判定：

1）若两直线的各同面投影都相交，且交点符合点的投影规律，则两直线为相交直线。

2）对两一般位置直线而言，只要两组同面投影符合上述条件，就可判定两直线在空间是相交的。

3）当两直线中有某一投影面的平行线时，则应验证直线在该投影面上的投影是否满足相交的条件，才能判定。

4）也可以用定比性判定交点是否符合点的投影规律来验证两直线是否相交。

2. 交叉两直线

（1）投影特点：两直线在空间既不平行也不相交则为交叉。分析图 4-12 可知，某一同

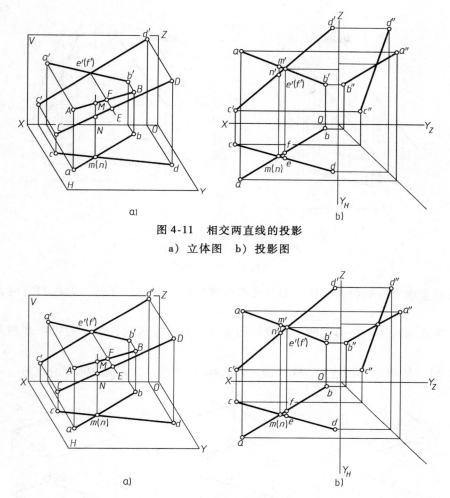

图 4-11 相交两直线的投影
a）立体图 b）投影图

图 4-12 交叉两直线的投影
a）立体图 b）投影图

面投影可能平行也可能相交，但所有同面投影不会都平行；投影中的交点为一重影点，不符合点的投影规律。

（2）交叉直线重影点可见性的判别：两直线交叉，其同面投影的交点为该投影面重影点的投影，可根据其他投影判别其可见性。如图 4-12 所示，AB 和 CD 是两条交叉直线，其三面投影都相交，但其交点不符合点的投影规律，即 ab 和 cd 的交点不是一个点的投影，而是 AB 上的点 M 和 CD 上的点 N 在 H 面上的重影点，点 M 在上，m 可见，点 N 在下，n 为不可见。同样 a'b' 和 c'd' 的交点是 CD 上的点 E 和 AB 上的 F 点在 V 面上的重影点，点 E 在前，e' 为可见，点 F 在后，f' 为不可见。显然，a"b" 和 c"d" 的交点也为重影点。

3. 平行两直线

（1）投影特点：分析图 4-13 可知，若空间两直线相互平行，则它们的同面投影必然相互平行。

（2）两直线平行的判定条件：

1）若两直线的三组同面投影都平行，则两直线在空间平行。

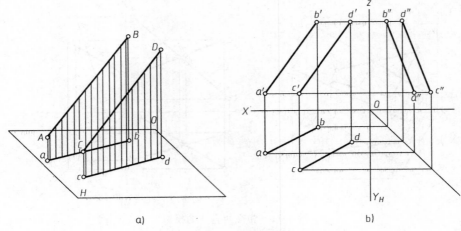

图 4-13 平行两直线的投影
a）立体图 b）投影图

2）若两直线为一般位置直线，则只要有两组同面投影相互平行，即可判定两直线在空间平行。

3）若两直线为某一投影面的平行线，则要用两直线在该投影面上的投影来判定其是否平行。

【例 4-2】 给出平行四边形 ABCD 的 AB 和 AC 的投影，试完成 ABCD 的投影（图4-14）。

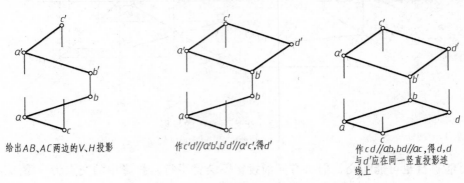

给出AB、AC两边的V、H投影

作c'd'//a'b',b'd'//a'c',得d'

作cd//ab,bd//ac,得d,d
与d'应在同一竖直投影连线上

图 4-14 作平行四边形的投影

解：作 $c'd' \parallel a'b'$、$b'd' \parallel a'c'$，得 d'；作 $cd \parallel ab$，$bd \parallel ac$，得 d。d 与 d' 应在同一竖直投影连线上。

4.3 平面的投影

在立体几何中，确定平面的方式有 5 种：①不在同一直线上的三点（图 4-15a）；②直线及直线外一点（图 4-15b）；③相交两直线（图 4-15c）；④平行两直线（图 4-15d）；⑤任意的平面图形（图 4-15e）。在投影理论中，只需将上述方式简单地转换成投影方式，即可实现平面的投影表示。

4.3.1 平面的投影

工程结构物的表面与投影面的相对位置，归纳起来有投影面垂直面、投影面平行面、一般位置平面3种，前两种统称为特殊位置平面。

1. 一般位置平面

一般位置平面对三个投影面都倾斜，一般面的三个投影都没有积聚性，而且是平面图形的类似形状，但比原平面图形本身的实形小，如图4-16所示。

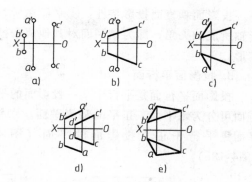

图 4-15 平面的投影表示

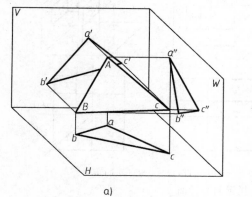

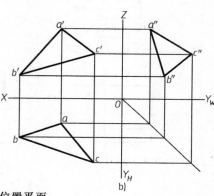

a)

b)

图 4-16 一般位置平面
a) 立体图 b) 投影图

2. 投影面垂直面

投影面垂直面是垂直于某一投影面的平面，对其余两个投影面倾斜。投影面垂直面分为铅垂面、正垂面和侧垂面。

铅垂面是垂直于水平投影面的平面（图4-17a）；正垂面是垂直于正立投影面的平面（图4-17b）；侧垂面是垂直于侧立投影面的平面（图4-17c）。

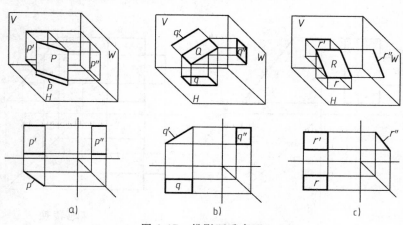

a)

b)

c)

图 4-17 投影面垂直面
a) 铅垂面 b) 正垂面 c) 侧垂面

投影面垂直面投影特性：①平面在所垂直的投影面上的投影积聚成一直线，它与相应投影轴所成的夹角，即为该平面对其他两个投影面的倾角；②其他两投影是类似图形，并小于实形。

3. 投影面平行面

投影面平行面是平行于某一投影面的平面，同时，也垂直于另外两个投影面。投影面平行面可分为水平面、正平面和侧平面。水平面是平行于水平投影面的平面（图 4-18a）；正平面是平行于正立投影面的平面（图 4-18b）；侧平面是平行于侧立投影面的平面（图4-18c）。

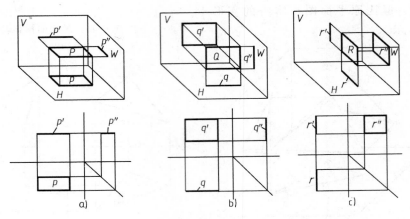

图 4-18　投影面平行面

a）水平面　b）正平面　c）侧平面

投影面平行面投影特性：①平面在它平行的投影面上的投影反映实形；②平面的其他两个投影积聚成线段，并且平行于相应的投影轴。

【例 4-3】　如图 4-19 所示，求侧垂面的 H 面投影。

由图示平面为侧垂面可知该平面的 W 面投影为倾斜于坐标轴的一条直线，H、V 面投影为小于实形的类似形。所以 H 面投影与 V 面投影相似，根据三等关系即可作出。

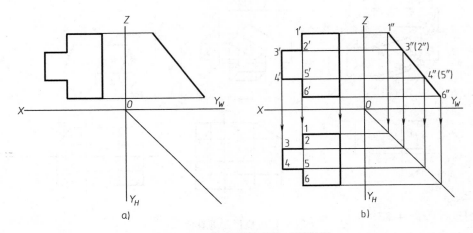

图 4-19　补全侧垂面的三面投影

4.3.2 平面上的点和直线

1. 平面上的直线

如果一直线过平面内两点或过平面内一点且平行于平面内一直线，则直线在该平面上。

如图 4-20a 所示，直线 BE 通过平面 BCED 上的 B、E 两点，图 4-20b 中直线 FA 通过平面 BCED 上的点 F 并平行于该平面上的 DE 边，直线 BE 和 FA 都在平面 BCED 上。

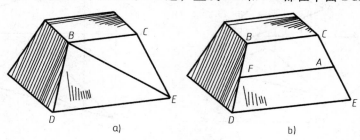

图 4-20 平面上的直线

平面上的投影面平行线有 3 种：平面上平行于 H 面的直线称为平面上的水平线；平面上平行于 V 面的直线称为平面上的正平线；平面上平行于 W 面的直线称为平面上的侧平线。作图时，根据投影面平行线的特点，先作平行于投影轴的线，再作另一投影。图 4-21 为在一般位置平面 ABC 中，任作一条正平线（图 4-21a）和水平线（图 4-21b）的方法。

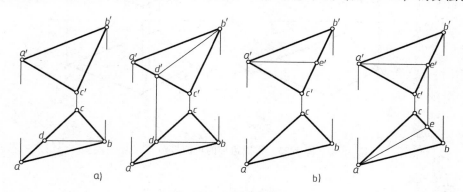

图 4-21 平面上的平行线

2. 平面上的点

如果点在平面内一直线上，则该点在平面上。如图 4-22 所示，点 F 在直线 DE 上，而 DE 在 △ABC 上，因此，点 F 在 △ABC 上。

【例 4-4】 如图 4-23 所示，已知四边形 ABCD 的水平投影 abcd 以及两边 AB、BC 的正面投影 a'b'、b'c'，完成此四边形的正面投影。

解： 解此题时，首先把 A、B、C 三点看成是一个三角形 ABC，而点 D 是三角形平面上的一个点；再用平面内作辅助线的办法，求出点 D 的正面投影；连线最后完成四边形的正面投影。

作图过程如图 4-23b 所示：连 ac、a'c'、bd，ac 与 bd 交于 1，过 1 作其正面投影 1'；从 b' 过 1'作辅助线，与 d 的投影连线相交得 d'；连接 a'd'、c'd' 即完成四边形 ABCD 的正面投影。

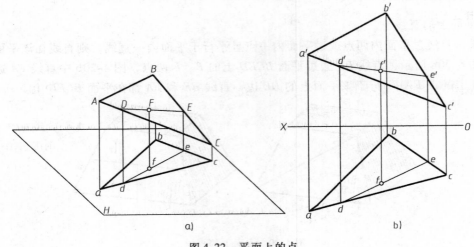

图 4-22 平面上的点

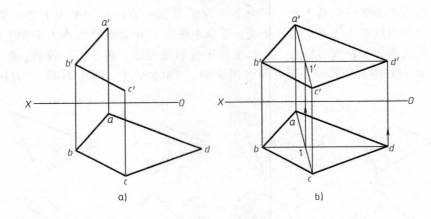

图 4-23 作四边形的正面投影

本章小结

本章以点、线、面三种构成工程结构物最基本的几何元素为切入点，介绍了点、线、面的投影相关知识。重点掌握点、直线、面的基本投影规律，各种位置直线、平面的投影特性及判断方法。在此基础上，简单介绍了直线的实长及其与投影面的倾角的求法，以及两直线的相对位置关系和平面上找点作线的方法。

思考题与习题

1. 点的投影规律有哪些？如何根据投影图判定两点的相对位置？如何判定空间两点的相对位置？
2. 已知点 A 在 V 面上，它的三面投影各自在何处？已知点 B 在 Z 轴上，它的三面投影有何特点？
3. 一般位置线、投影面平行线、投影面垂直线各有哪些投影特性？
4. 绘图表示如何求一般位置线的实长及其对投影面的倾角。
5. 两直线平行、相交、交叉各有哪些投影特征？如何判定？

6. 投影面的垂直面、投影面的平行面和一般位置平面各有何投影特性？

7. 在 V/H 投影体系中，两投影都是平行四边形，能否确定是一般位置平面？为什么？

8. 怎样在平面上取点和直线？

9. 如何在平面上作投影面平行线？

实习与实践

观察各种工程结构物上的点、线、面，确定它们的投影特征及类型。

第 5 章　立体的投影

学习目标：

　　1. 掌握平面几何体及回转体的投影及其平面投影。

　　2. 理解截交线的性质，能正确绘制平面体及回转体的截交线。

　　3. 理解相贯线的性质，能正确绘制两相交立体的相贯线。

学习重点：

　　1. 平面几何体、曲面立体的表面取点。

　　2. 正确绘制截交线和相贯线。

学习建议：

　　1. 从认真观察模型入手，建立基本体、截交线、相贯线的概念。

　　2. 以立体表面上点的投影为基础，逐步掌握截交线、相贯线的相关知识。

　　3. 将工程和日常生活中接触的物体的投影与本章内容结合起来进行学习，加深理解和记忆。

　　立体是由各种面围成的。根据面的性质，可将立体分为平面立体和曲面立体两大类。围成立体的所有表面是平面，称为平面立体，如棱柱、棱锥。围成立体的所有表面是曲面或曲面与平面，称为曲面立体，如圆柱、圆锥、圆球和圆环等，这些常见的曲面立体也叫回转体。

5.1　平面立体的投影

　　由于平面立体的各个表面都是平面，因此，绘制平面立体的投影可归结为绘制其各表面的投影。各表面的交线称为棱线，棱线的交点称为顶点。

　　表示平面立体主要是画出立体的棱线（轮廓线）以及顶点的投影。

5.1.1　平面立体的投影

　　平面立体有棱柱、棱锥、棱台等。下面以六棱柱为例，说明平面立体的投影特性及作图方法。

　　1. 六棱柱的投影分析

　　如图 5-1a 所示的正六棱柱，由六个相同的矩形侧棱面和上、下两个相同的正六边形底面围成。前后两个侧棱面放置为平行于 V 面，上下两底面平行于 H 面。

　　由于上、下底面为水平面，所以其水平投影为重合的正六边形实形。它们的正面和侧面投影分别积聚为水平线段。前、后两侧棱面为正平面，其正面投影反映实形并重合，水平投影积聚成水平线段，侧面投影积聚成铅垂线段。其余几个侧棱面均为铅垂面，它们的水平投影积聚成直线段，重合在正六边形的边上，正面和侧面投影均为矩形的类似形。因此，正六棱柱的水平投影为一正六边形，正面投影为三个可见的矩形，侧面投影为两个可见的矩形，如图5-1b所示。

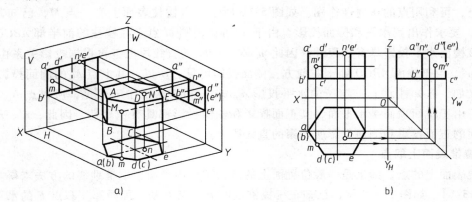

图5-1 正六棱柱的投影

2. 作图

画图时先画出各投影的对称中心线，然后画出反映实形为正六边形的水平投影，再按投影关系画出平面立体的投影。

3. 其他平面立体的投影

其他平面立体的投影分析及作图方法略，投影图如图5-2所示。

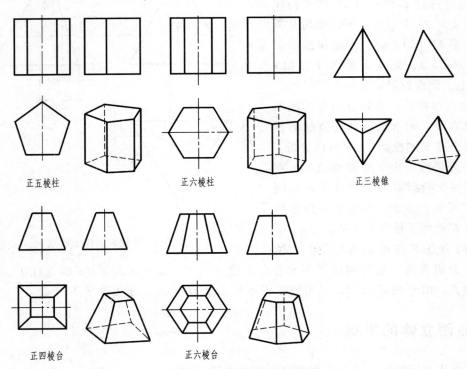

正五棱柱　　　　　正六棱柱　　　　　正三棱锥

正四棱台　　　　　正六棱台

图5-2 其他平面立体的投影

5.1.2 平面立体表面上的点

1. 棱柱表面上的点

由于棱柱体的几面投影都具有积聚性，在棱柱表面上取点时可利用点的积聚性作图。点在棱线上，可利用点的从属性作图。如图5-1b所示，六棱柱表面上有一点 M，已知其正面投影 m'，要求作出其水平和侧面投影。由于 m' 可见，则 M 点必在棱柱的前半部 $ABCD$ 棱面上，因该棱面水平投影具有积聚性，因此 m 必在 $adbc$ 的直线段上，再根据投影关系由 m' 和 m 求出 m''。由于棱面 $ABCD$ 处于左前方，侧面投影可见，所以，其上点 M 的侧面投影 m'' 也可见。又如，已知柱面上一点 N 的水平投影 n，求 n' 和 n''。由于 n 可见，所以点 N 必定在表面上。由于棱面顶面是水平面，其正面投影和侧面投影都具有积聚性，因此，n'、n'' 也必定在顶面的正面投影和侧面投影所积聚的直线段上。

2. 棱锥表面上取点

棱锥表面上的点，如果是一般位置面上的点，则利用平面上取辅助线的方法求得。

【例5-1】 如图5-3所示，已知正三棱锥表面上有点 E 的正面投影 e' 和点 F 的水平投影 f，求出他们的另两个投影。

解： 1）由于点 E 在一般位置面 $\triangle SAB$ 上，故可以利用在面内取线的方法求出点 E 的另一投影 e，然后再求出 e''，方法有以下3种：

① 过点 E 和棱锥顶 S 作辅助直线 $S\mathrm{I}$，其正面投影 $s'1'$ 必过 e'，求出 $S\mathrm{I}$ 的水平投影 $s1$ 和侧面投影 $s''1''$，则点 E 的水平投影 e 必在 $s1$ 上，侧面投影 e'' 也必在 $s''1''$ 上。

② 也可过点 E 作底棱 AB 的平行线 $\mathrm{II}\,\mathrm{III}$，则 $2'3'/\!/a'b'$ 且通过 e'，求出 $\mathrm{II}\,\mathrm{III}$ 的水平投影 23（$23/\!/ab$）和侧面投影 $2''3''$（$2''3''/\!/a''b''$），则点 E 的水平投影 e 必在 23 上，侧面投影 e'' 也必在 $2''3''$ 上。

③ 也可过欲求点在该点所在的棱面上作任意直线。先求出该辅助直线的投影，再求出点 E 的投影。（可自己分析）

判断可见性，由于棱锥面 $\triangle SAB$ 在左边，其侧面投影可见，所以点 E 的侧面投影 e'' 可见；棱面 $\triangle SAB$ 水平投影可见，故点 E 的水平投影 e 可见。

2）因为点 F 在棱面 $\triangle SAC$ 上，棱

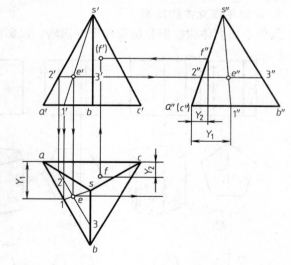

图5-3 三棱锥表面上的点

面 $\triangle SAC$ 为侧垂面，故可利用其积聚性，直接求出 f''，即 f'' 必在 $s''a''c''$ 的直线上，再由 f 和 f'' 求出 f'。由于棱面 $\triangle SAC$ 正面投影不可见，故点 F 的正面投影 f' 不可见。

5.2 曲面立体的投影

曲面立体（回转体）由回转面或回转面和平面围成。回转面就是一动线（母线）绕一

定线（轴线）旋转一周而形成的。母线在回转面上的任一位置，叫素线，母线上任一点的轨迹就是垂直于轴线的圆，称为纬圆。

5.2.1 曲面立体的投影

1. 圆柱的投影分析

如图5-4a所示，圆柱体的轴线垂直于 H 面，两端圆平面平行于 H 面，圆柱面垂直于 H 面，故两端圆平面的水平投影反映实形，圆柱面的水平投影积聚为一圆周，且与两端面圆周轮廓线重合。圆柱体的正面投影为矩形，上、下两条边为两端圆平面的正面投影；左右两条边为圆柱面上最左和最右两条素线的正面投影。圆柱的侧面投影是与正面投影完全相同的矩形，上、下两条边为圆柱两端圆平面的投影，前、后两条边是圆柱面上最前和最后两条素线的投影。

2. 作图

在作回转体的投影时，必须先画出轴线和对称中心线。因此在作圆柱的三面投影时，应先画出圆投影的中心线和轴线的各投影，再画反映两端圆平面实形的投影和另两个投影，最后画圆柱面的另两投影的外形轮廓线，如图5-4b所示。

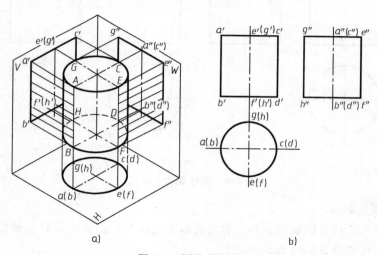

图 5-4 圆柱的投影

3. 其他曲面立体的投影

经过分析，其他曲面立体的投影如图5-5所示。

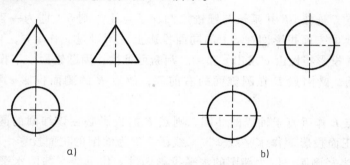

图 5-5 其他曲面立体的投影

a）圆锥投影 b）球投影

5.2.2 曲面立体表面上的点

1. 圆柱表面上取点

在圆柱体表面上取点，可利用圆柱面和两端面投影的积聚性作图。

【例 5-2】 如图 5-6 所示，已知圆柱面上点 M 的正面投影 m' 和 N 点的侧面投影 n''，试分别求出它们的另两个投影。

解：1）求 m、m''：由于 m' 是可见的，所以点 M 在前半个圆柱面上，又因点 M 在左半个圆柱面上，所以 m'' 也必为可见。作图时可利用圆柱面有积聚性的投影，先求出点 M 的水平投影 m（在前半个圆周上），再由 m' 和 m 求出侧面投影 m''，m 为不可见。

2）求 n'：由于点 n'' 可见且在圆柱的最后轮廓线上，是特殊点，另两个投影均可直接求出。所以 n、n' 为不可见。

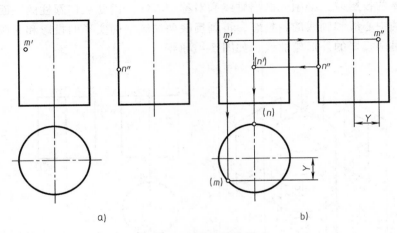

a)   b)

图 5-6　圆柱表面上取点

2. 圆锥表面上取点

圆锥体底圆平面具有积聚性，其上的点可以直接求出；圆锥面没有积聚性，其上的点需要用辅助线（素线或纬圆）才能求出。

【例 5-3】 如图 5-7 所示，已知圆锥面上点 E 的正面投影 e'、点 F 的正面投影 f'，求另两投影。

解：1）求 e、e''。

素线法：过点 E 连接 SE 并延长与圆锥底圆交于点 I，则 $S I$ 即为一素线，求出 $S I$ 的三面投影，则点 E 的三面投影即在 $S I$ 的同面投影上。所以过 e' 作 $s'1'$，再求出 $s1$ 和 $s''1''$，则根据直线上点的投影特性由 e' 求出 e 和 e''。判断可见性：因圆锥面水平投影可见，故 E 点的水平投影 e 可见，又因点 E 在圆锥面的右前部，故点 E 的侧面投影 e'' 不可见，如图5-7所示。

纬圆法：过点 E 作垂直于轴线的纬圆，则点 E 的投影必在该纬圆的同面投影上。过圆锥表面上点 E 的正面投影 e' 作水平线 $2'3'$，线段 $2'3'$ 为纬圆的正面投影。由 $2'$ 求出 2，以 s 为圆心，以 $s2$ 为半径画圆，即为纬圆的水平投影。过 e' 作垂线交纬圆水平投影 e，再由 e'、e 即可求出 e''，如图5-7所示。

2）求 f、f''：图中点 F 在最左素线 SA 上，属于圆锥面上特殊位置点。已知点 F 的正面投影 f'，可直接求出 f 和 f''。因为 f' 在 $s'a'$ 上，则 f 必在 sa 上，f'' 必在 $s''a''$ 上，并且 f、f'' 均为可见。

3. 圆球表面上取点

因为圆球面没有积聚性，所以在圆球面上取点，只能用纬圆法。

【例 5-4】　如图 5-8 所示，已知圆球面上点 E、F、G 的正面投影分别为 e'、f'、g'，求其另两个投影。

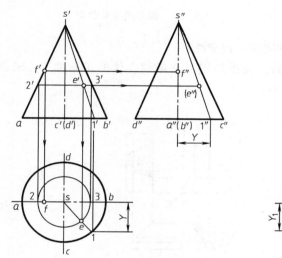

图 5-7　圆锥表面上取点

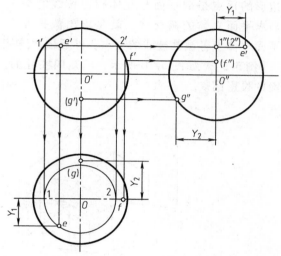

图 5-8　圆球表面上取点

解：1）求 e、e''：由于 e' 可见，且为圆球面上的一般位置点，故可作纬圆（正平圆、水平圆和侧平圆）求解。过 e' 作水平线，与圆球正面投影交于 $1'$、$2'$，则以 $1'2'$ 为直径在水平投影上作水平圆，点 E 的水平投影 e 必在该纬圆上，再由 e、e' 求出 e''。因点 E 位于上半个圆球面上，故 e 可见；又因点 E 在左半个球面上，故 e'' 也可见。

2）求 f、f'' 和 g、g''：由于点 F、G 是圆球面上特殊位置的点，故可直接作图求出。由于 f' 可见，且在圆球正面投影的最大圆上，故水平投影 f 在水平中心线上，侧面投影在垂直中心线上。因点 F 在上半个球面上，故 f 可见，又因点 F 在右半个球面上，故 f'' 为不可见。由于 g' 不可见，且在垂直中心线上，故点 G 在圆球侧面投影最大圆上的后面，可由 g' 求出 g''，再求出 g，因 G 点在下半球面上，故 g 不可见。

5.3　截交线

平面与立体相交即立体被平面所截，截切立体的平面称为截平面，截平面与立体表面的交线称为截交线，由截交线围成的图形称为断面（截断面），截交线的顶点称为截交点，如图 5-9 所示。截交线是截平面与立体表面的共有线，且由于立体是由它的表面围合而成的封闭空间，故截交线为封闭的平面图形。

由于截交线既是截平面上的点，又是立体表面上点的集合，故求截交线可归纳为求截平面与立体表面的共有点。

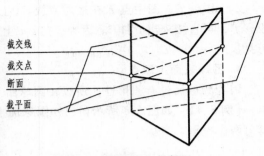

图 5-9　截交线与截断面

5.3.1　平面与平面立体相交

平面立体是由平面围成，所以平面体的截交线是封闭的平面折线，即平面多边形；多边形的顶点是截平面与立体相应棱线的交点。求平面立体的截交线，就是求出截平面与平面立体上各被截棱线的交点，然后依次连接即得截交线。

【例 5-5】　如图 5-10 所示，已知四棱柱的三面投影图以及截切立体的正垂面 P，求截断面的投影图。

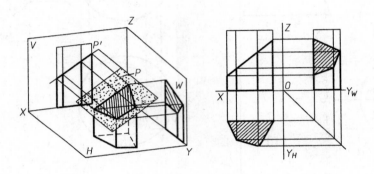

图 5-10　平面斜截四棱柱

解：截平面 P 与四棱柱的四个棱面相交，截交线是四边形，四边形的四个顶点分别是 P 面与四棱柱四条棱线的交点。由于 P 为正垂面，所以截交线的正面投影与 P' 重合。四棱柱的各棱面为铅垂面，截交线的水平投影与其水平投影重合。根据截交线的两面投影即可作出它的 W 面投影。

【例 5-6】　已知三棱锥被平行于 H 面的水平面所截及其 V 面投影，求截断面的投影图。

解：分别从 a'、b'、c' 向 H 面投影连线，分别与相应的棱在 H 面上的投影相交得到 a、b、c 三点；然后求得 a''、b''、c'' 三点。接下来，判断截交线各端点的可见性，b'' 不可见，给 b'' 加上括号。最后，将截交线各点的投影连接起来，就得到截交线的投影，如图 5-11 所示。

【例 5-7】　已知正四棱锥及其上缺口的 V 面投影，求其 H 面和 W 面投影（图 5-12a）。

解：从给出的 V 面投影可知，四棱锥的缺口是由水平面 P 和正垂面 Q 截割四棱锥而形成的。作图

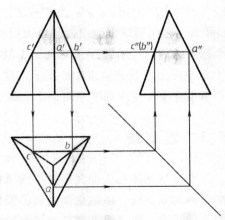

图 5-11　三棱锥与水平面相交

时先求出 *P* 面与四棱锥的截交线 *ABCDEA*，再求出 *Q* 面与四棱锥的截交线 *CDFGHC*，其中 *CD* 为两平面的交线。所得投影图如图 5-12 所示。

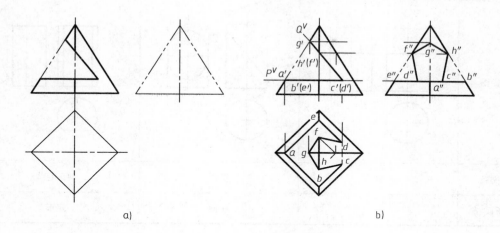

图 5-12　正四棱锥的截切

a）已知　b）作图

5.3.2　平面与曲面立体相交

　　平面与曲面立体的截交线是截平面与回转体表面的共有线，截交线上的点（截交点）是截平面与回转体表面的共有点，截交线所围成的平面图形就是（截）断面。求截交线的投影需要先求出这些共有点的投影，然后再连成截交线的投影。求共有点时，通常先求出特殊点（最前、最后、最高、最低、最左、最右等）和形体各轮廓线与截平面的交点等，如有必要再求一般点。

1. 圆柱的截交线

　　有许多构件形体是由平面截割圆柱而形成的，如图5-13所示。当圆柱被平面截切时，由于截平面与圆柱轴线的相对位置不同，将得到不同形状的截交线，如表5-1所示。

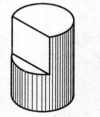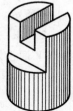

图 5-13　常见的圆柱截口

表 5-1　圆柱面上的截交线与圆柱的断面

截平面位置	垂直于圆柱的轴线	倾斜于圆柱的轴线	平行于圆柱的轴线
立体图			

（续）

截平面位置	垂直于圆柱的轴线	倾斜于圆柱的轴线	平行于圆柱的轴线
投影图	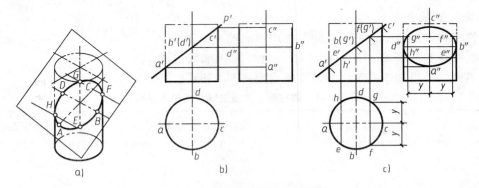		
截交线	圆	椭圆	两条直线
断面	圆	椭圆	矩形

【例 5-8】 如图 5-14a 所示，圆柱被正垂面 P 斜切，求截交线的三面投影。

解：（1）分析

由于截平面 P 是正垂面，所以椭圆的正面投影积聚在 P' 上，水平投影与圆柱面的水平投影重合为圆，侧面投影为椭圆。

（2）作图步骤

1）求特殊点。根据圆柱体表面取点的方法，求出截交线的最高点 C、最低点 A、最前点 B、最后点 D 的三面投影（c、c'、c''）、（a、a'、a''）、（b、b'、b''）、（d、d'、d''），如图 5-14b 所示。

2）求一般位置点。点 E、F、G、H 为一般位置点，先在 V 面投影中确定它们的投影，根据 V 面投影作出它们的 H、W 面投影，如图 5-14c 所示。

图 5-14 平面切割圆柱的截交线

3）依次光滑连接各点，即为所求截交线椭圆的侧面投影，如图 5-14c 所示。

2. 圆锥的截交线

当平面与圆锥相交时，由于截平面与圆锥的相对位置不同，截交线的形状也不同，如表 5-2 所示。

表 5-2　圆锥面上的截交线与圆锥的断面

截平面位置	垂直于圆锥的轴线	倾斜于圆锥的轴线，与素线都相交	平行于一条素线	平行于两条素线	通过锥顶
示意图	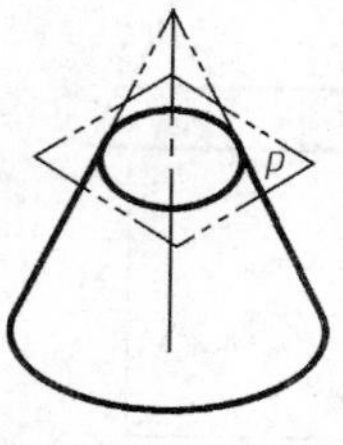	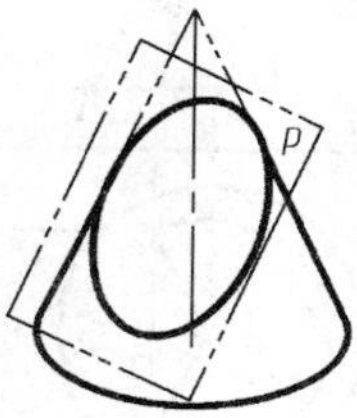	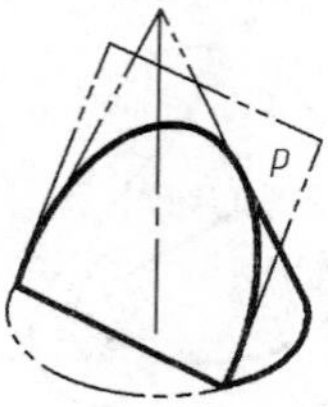	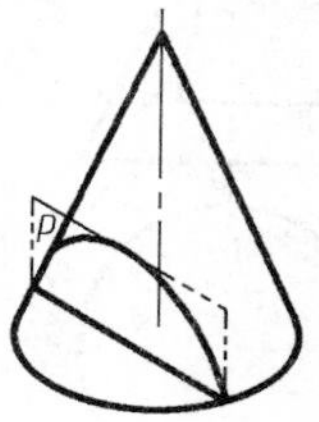	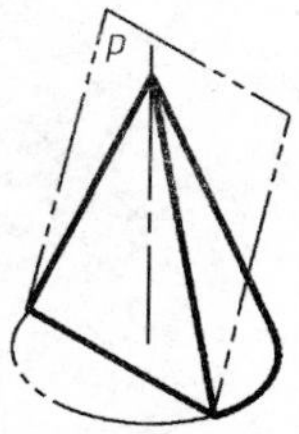
投影图	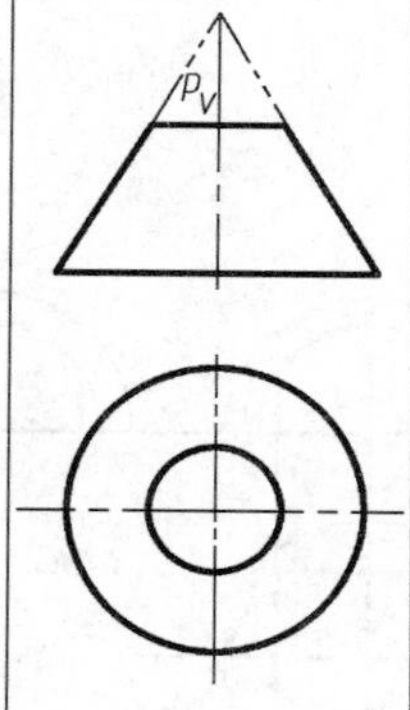	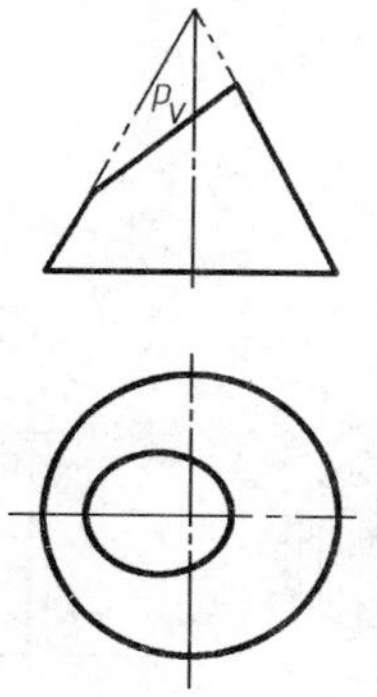	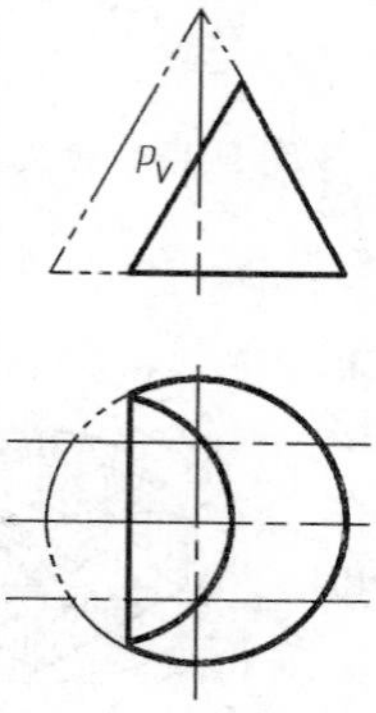	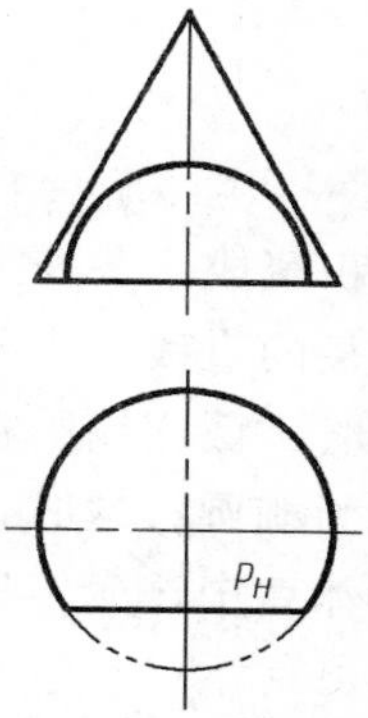	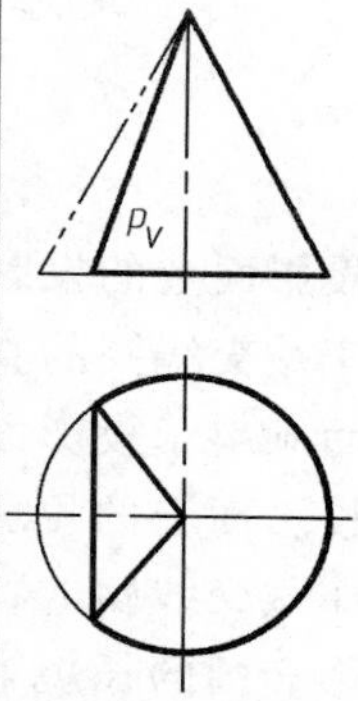
截交线	圆	椭圆	抛物线	双曲线	两条直线
断面	圆	椭圆	抛物线和直线组成的封闭的平面图形	双曲线和直线组成的封闭的平面图形	三角形

【例 5-9】　如图 5-15a 所示，求带切口圆锥的投影。

解：1. 分析

圆锥体被两个截平面切割，两截平面分别垂直于圆锥的轴线，通过锥顶，其截交线应是圆的一部分和三角形的一部分。由于两个截平面在 V 面投影中都有积聚性，所以缺口的 V 面投影为已知，只需求其 H、W 面投影。

2. 作图步骤

1）作水平面切割圆锥体的截交线，截交线的水平投影是圆锥体水平投影同心圆的一部分。在 V 面投影中找出特殊点的正面投影 s'、a'、b'、(c')，采用纬圆法作出其 H 面的投影 s、a、b、c，从而确定水平面切割圆锥体的截交线。

2）作正垂面切割圆锥体截交线的投影，该截交线是三角形，水平投影是 sb、sc、bc 构成的三角形，利用投影关系作出侧面投影。

3）判断截交线的可见性。H 面投影中两截面交线的水平投影不可见，其他均可见。

4）去掉被切割部分的轮廓线。具体过程如图 5-15b 所示。

5.3.3　球的截交线

平面截割球体时，不管截平面位置如何，截交线的空间形状总是圆。当截平面平行于投影面时，截交线圆在该投影面上的投影反映实形；当截平面垂直于投影面时，截交线圆在该

48

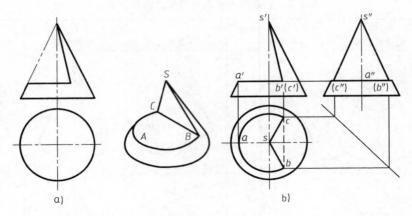

图 5-15　带切口的圆锥

投影面上的投影积聚成一条长度等
于截交线圆的直径的直线；当截平
面倾斜于投影面时，截交线圆在该
投影面上的投影为椭圆，这时，在
作截交线圆的特殊点中，应作出投
影椭圆的长短轴顶点。

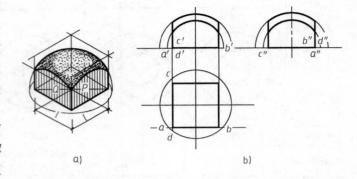

图 5-16　球壳屋面的投影

如图 5-16 所示，一球壳形屋面
为半球且被两对对称的、相距为 l
的正平面和侧平面切割，球面被正
平面切割后截交线的正面投影反映
圆弧的实形，侧面投影成为两条铅
垂线。球面被侧平面切割后截交线的侧面投影反映圆弧的实形，正面投影成为两条铅垂线。

5.4　相贯线

有些建筑形体是由两个相交的基本形体组成的。两相交的形体称为相贯体，它们表面的
交线称为相贯线。两形体相贯，可以是平面体与平面体相贯，平面体与曲面体相贯以及曲面
体与曲面体相贯。相贯线是两立体表面的共有线，相贯线上的点都是两立体表面的共有点，
如图 5-17 所示。

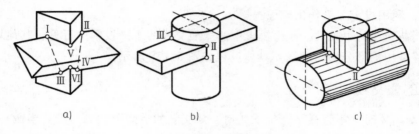

图 5-17　相贯体

5.4.1 两平面立体相贯

两平面立体的相贯线，在一般情况下是封闭的空间折线或平面多边形。求作两平面立体的相贯线实质就是求两个平面的交线或求直线与平面的交点。

【例5-10】 已知：三棱柱与三棱锥相交，求它们的表面交线（图5-18a）。

解：1. 投影分析

由图5-18a可知，三棱柱各侧面均是铅垂面，H面投影有积聚性，相贯线的H面投影都落在三棱柱的H面投影上。从H面投影可知三棱锥的侧棱 SA、SB、SC 都与三棱柱的侧面 LM、MN 相交，即三棱锥完全贯穿三棱柱形成两根闭合的相贯线。

2. 作图步骤

1）求贯穿点。利用三棱柱在H面上的积聚投影直接求得三棱锥棱线 SA、SB、SC 与三棱柱左右侧面的交点的H面投影1、2、3、4、5、6，据此再作出V面投影1′、2′、3′、4′、5′、6′。

2）连贯穿点成相贯线。相贯线上的点都是两立体表面的共有点。在V面投影上分别连接 1′3′5′和2′4′6′两根相贯线。

3）判断可见性。根据"同时位于两形体都可见的侧面上的交线才是可见的"的原则判断，在V面投影上，三棱柱左、右两侧面均可见，三棱锥的 SAB、SBC 面均可见，所以交线 1′5′、3′5′和2′6′可见，因三棱锥的 SAC 面的V面投影为不可见，故 1′3′、2′4′不可见。

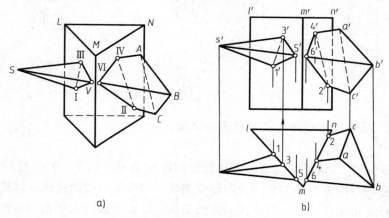

图 5-18 三棱柱与三棱锥相交

5.4.2 平面立体与曲面立体相贯

平面立体与曲面立体相交，其相贯线一般是由若干段平面曲线或直线段组合而成的空间封闭曲线。每一相贯线段都是平面立体上的一个平面表面与曲面立体的截交线，而每两个相贯线段的交点，则是平面立体表面上的轮廓线与曲面立体的贯穿点。因此，求平面立体与回转体的相贯线，可归结为求平面立体的表面与回转体的截交线，以及求平面立体的轮廓线与回转体的贯穿点。

【例5-11】 如图5-19a所示，求作四棱柱与圆柱的相贯线。

解：1. 分析

从已知投影图可以看出，四棱柱从圆柱的左侧面穿进，由右侧面穿出，属于全贯，有两组形状相同的相贯线。四棱柱前后两个正平棱面与圆柱面的截交线为直线；四棱柱的上下两个水平棱面与圆柱面的截交线为圆弧段，直线段与圆弧段组合成的封闭空间曲线为相贯线。

2. 作图步骤

1）求贯穿点。利用圆柱在 H 面上的积聚投影直接求四棱柱棱线与圆柱面的交点的 H 面投影，据此再作出 V 面投影。

2）连贯穿点成相贯线。相贯线上的点都是两立体表面的共有点。在 V 面投影上分别连接各相贯线。

3）判断可见性。根据"同时位于两形体都可见的侧面上的交线才是可见的"的原则进行判断。

作图结果如图 5-19c 所示。

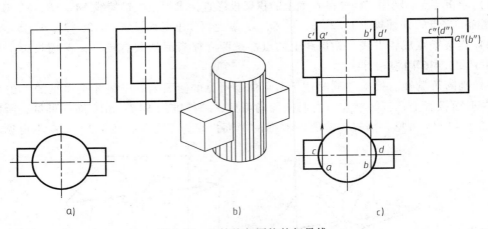

图 5-19　四棱柱与圆柱的相贯线

【例 5-12】　求作圆锥形薄壳基础的表面交线。

解：1. 分析

如图 5-20 所示，圆锥形薄壳基础可看成由四棱柱和圆锥相交。四棱柱的四个棱面平行于圆锥轴线，它们与圆锥表面的交线为四段双曲线。四段双曲线的连接点就是四棱柱四条棱线与锥面的交点。由于四棱柱的四个棱面是铅垂面，所以交线的水平投影与四棱柱的水平投影重合。

2. 作图步骤

1）求特殊点。先求相贯线的转折点，即四根双曲线的连接点 A、B、M、G。可根据已知的四个点的投影，用素线法求出其他投影。再求前侧面和左侧面双曲线最高点 C、D，如图 5-20 所示。

2）同样用素线法求出两对称的一般点 E、F 的 V 面投影 e'、f'（图 5-20b）。

3）连点。V 面投影连接 a'、f'、c'、e'、b'，W 面投影连接 a''、d''、g''（图 5-20b）。

4）判别可见性。相贯线的前侧面和左侧面的 V、W 面投影都可见。

5.4.3　两曲面立体相贯

两曲面体表面的相贯线，一般是空间曲线，特殊情况下可能是平面曲线或直线。当两个

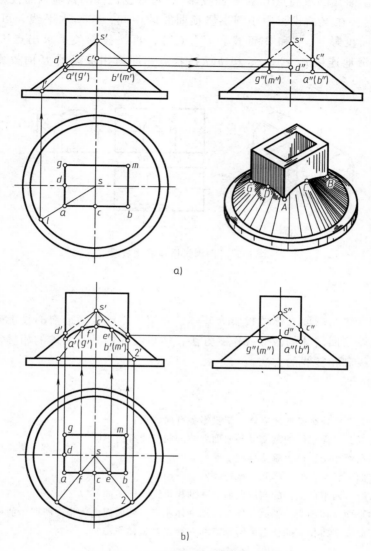

a)

b)

图 5-20　圆锥形薄壳基础的表面交线

a）求转折点和最高点　b）求一般点，连点

曲面立体有共同的底面时，相贯线不封闭。求作两曲面体的相贯线时，通常是先求出一系列共有点，然后依次光滑连接相邻各点。

【例 5-13】　求作两圆拱屋顶的相贯线。

解：1. 分析

已知两个直径不同而轴线垂直相交的圆拱屋顶，它们的轴线处于同一水平面上。因此，两圆拱都处于特殊位置。相贯线的 V 面投影与小圆拱的 V 面投影重合，相贯线的 W 面投影与大圆拱的 W 面投影重合，需要求作的主要是相贯线的 H 面投影。

2. 作图步骤

1）求特殊点：H 面投影中相贯线上曲线部分的两个最低点为 a、b，也是相贯线上曲线与直线的连接点。曲线的最高点 C 的 H 面投影 c，可根据已知的其他两面投影求出。

2）求一般点：在 V 面投影中小圆拱屋顶曲线的中间，作一水平线，可得相贯线上一般点 E、F 的 V 面投影 e'、f' 和 W 面投影 e''、(f'')，再按投影关系求出点 E、F 的 H 面投影 e、f。依次光滑地连接 $a(g)$、c、f、$b(h)$ 各点，即为相贯线的 H 面投影，如图 5-21b 所示。

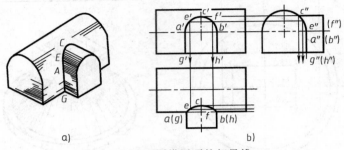

图 5-21　两圆拱屋顶的相贯线

本章小结

本章以平面立体与曲面立体的投影为基础，介绍了立体表面上点的投影确定方法、截交线的性质及平面体与回转体的截交线作图方法，相贯线的性质及两体的相贯线绘制方法。重点掌握绘制截交线和相贯线的方法。

思考题与习题

1. 什么是平面立体？什么是曲面立体？其投影各有何特点？
2. 什么是截交线？平面立体的截交线与曲面立体的截交线有何不同？
3. 平面与圆柱曲面相交，产生哪几种截交线？
4. 平面与圆锥曲面相交，产生哪几种截交线？
5. 什么是相贯线？两平面立体的与两曲面立体的相贯线有何不同？
6. 怎样才作两平面立体相交、平面立体与曲面立体相交、两曲面立体相交所产生的相贯线？
7. 曲面立体与曲面立体相交如何选取特殊点和一般点？怎样作图？

实习与实践

观察复杂工程结构中各基本体的投影及两个基本体的相贯线。

第6章 组合体的投影

学习目标:

1. 掌握组合体投影的画法。
2. 了解组合体投影图的尺寸标注。
3. 掌握组合体投影图的识读。

学习重点:

用形体分析法阅读和绘制组合体三面投影图。

学习建议:

1. 从认真观察组合体入手,学会用形体分析法阅读和绘制组合体三面投影图。
2. 将工程和日常生活中接触的组合体的投影与本章内容结合起来进行学习,加深理解和记忆。

组合体是由若干个基本几何体组合而成。常见的基本几何体是棱柱、棱锥、圆柱、圆锥、球等。由于组合体的形状、结构都比较复杂,且与工程形体十分接近,所以对组合体的研究是学习各种专业图样的基础。

用正投影原理绘制组合体的投影图称为正投影图。在三面投影体系中,V 面投影通称正面投影图(或称正立面图),H 面投影通称水平投影图(或称平面图)W 面投影通称侧面投影图(或称侧立面图),合称"三投影图"。

表达组合体一般情况下是画三投影图。从投影的角度讲,三投影图已能唯一地确定形体。当形体比较简单时,只画三投影图中的两个就够了,个别情况与尺寸相配合,仅画一个投影图也能表达形体。当形体比较复杂或形状特殊时,画投影图难于把形体表达清楚,可选用其他的投影图来表达形体,可见以后章节论述,本章主要是指三投影图,它是表达组合体的基础。

6.1 组合体的形体分析法及组合形式

6.1.1 形体分析法

将组合体按照其组成方式分解为若干基本形体,以便分析各基本形体的形状、相对位置和表面连接关系的方法称为形体分析法。

形体分析法的实质是将组合体化整为零,即是将一个复杂的问题分解为若干个简单问题。

形体分析法是解决组合体问题的基本方法,在画图、读图和标注尺寸时常常要运用此方法。图 6-1 所示为房屋的简化模型。

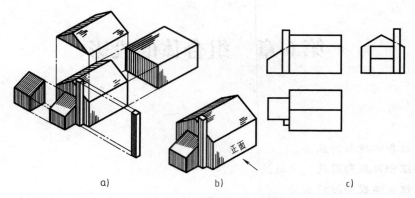

图 6-1　房屋的形体分析及三面投影图

a）形体分析　b）房屋轴测图　c）三面投影图

6.1.2　组合体的组合形式

组合体的形状、结构之所以复杂，是因为它由几个基本体组合而成。根据其各部分间的组合方式的不同，通常可将组合体分成几类。

1）叠加式组合体：把组合体看成由若干个基本形体叠加而成，如图 6-2a 所示。

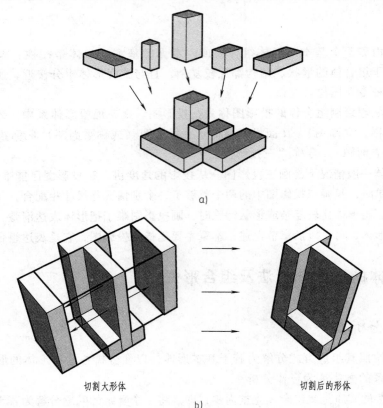

a）

切割大形体　　　　　　　切割后的形体

b）

图 6-2　组合方式

a）叠加式组合体　b）切割式组合体

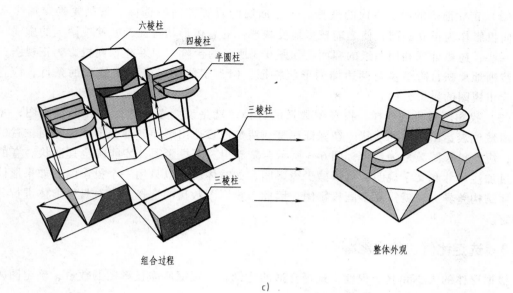

六棱柱

四棱柱

半圆柱

三棱柱

三棱柱

组合过程

整体外观

c)

图 6-2　组合方式（续）

c）混合式组合体

2）切割式组合体：由一个大的基本形体经过若干次切割而成，如图 6-2b 所示。

3）混合式组合体：把组合体看成既有叠加又有切割所组成，如图 6-2c 所示。

6.2　组合体投影的画法

绘制组合体的视图应按照先分析、再画图的步骤进行。

6.2.1　视图分析

视图分析是绘制组合体视图的首要步骤，从形体分析开始。

为了作出图 6-3 所示的台阶投影图，必须先对它进行形体分析，由图 6-3 可知，它由三大部分叠加而成。其中两边的边墙可看成两个棱线水平的六棱柱，中间的三级踏步则可看成为一个横卧的八棱柱。

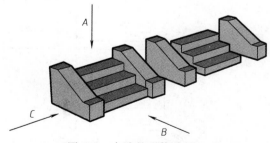

图 6-3　台阶的形体分析

6.2.2　投影图的选择

（1）形体摆放位置的确定。形体的摆放位置是指物体相对于投影面的位置，该位置的选取应以表达方便为前提，即应使物体上尽可能多的线（面）为投影面的特殊位置线（面）。对一般物体而言，这种位置也即物体的自然位置，所以常说的要使物体"摆平放正"也就是这个意思。但对于建筑形体，首先应该考虑的却是它的工作位置。图 6-3 所示的就是台阶的正常工作位置。

（2）正立面图的投影方向的选择。正立面图的投影方向的选择，就是要确定形体从哪个方向投影作为正立面图，使之能较多地反映形体的总体形状特征，并使视图上的虚线尽可能少一些，还要合理利用图纸的幅面。如图 6-3 所示的台阶，如果选 C 向投影为正视图，它能较清晰地反映台阶踏步与两边墙的形状特征，但为了能同时满足虚线少的条件，应选 B 向作为正视图的投影方面。

（3）投影图数量的选择。投影图数量的选择，就是说要考虑选用哪几个投影图，才能完整清楚地表达出形体的形状。在保证完整、清楚地表达出形体各部分形状和相对位置的情况下，应使投影图数量为最少。图 6-3 所示台阶需用三个投影图，才能确定其形状。有的形体通过加注尺寸和文字说明，可以减少投影图，如球体就可以只用一个投影图。如果形体各个立面结构差异大，就需要多画投影图。因此，投影图数量的选择，应对具体形体进行分析后确定。

6.2.3 选定比例、确定图幅

根据形体的大小和复杂程度，选择合适的比例。再根据所需投影图的数量，确定图幅。

6.2.4 布置视图、画作图基准线

布置视图时应使视图之间及视图与图框之间间隔匀称并留有标注尺寸的空隙。为了方便定位，可先画出各视图所占范围（一般用矩形框表示），然后目测并调整其间距，使布图均匀，最后画出各视图的对称轴线或基准线，如图 6-4a 所示。

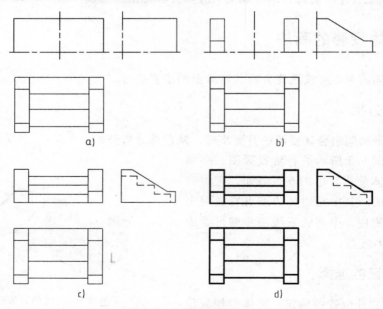

图 6-4　台阶的画图步骤

6.2.5 画投影图的底稿

根据形体分析的结果，按照先画边墙再画踏步的顺序逐个绘制它们的三视图，如图 6-4b、c所示。

6.2.6 检查、加深、加粗图线

经检查修正底稿无误后，擦去多余线条，如图 6-4d 所示。因为形体分析是假定的，故按此法解题时，将可能在物体的各组成部分之间产生一些实际并不存在的交线。如图 6-5 中的 × 处，因实际物体该处表面是平齐的，所以交线不存在，在检查时就应该擦去。然后，按各类线型要求加深、加粗。

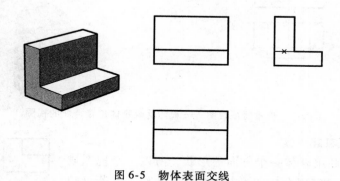

图 6-5　物体表面交线

6.3　组合体投影图的识读

6.3.1　读图的基本知识及注意事项

1. 掌握视图的投影规律

视图的投影规律，即"长对正，高平齐，宽相等"的规律。因为组合体基本视图是按"三等"规律画出的，它的每一个组成部分的几个视图都符合"三等"规律，只有按照"三等"关系，才能正确地把各组成部分的几个对应视图找出来，进而根据视图想象出各部分的形状。

2. 注意抓特征视图

熟练掌握基本几何体的视图特征，就能利用视图的投影规律迅速地判断基本形体的形状及其与投影面的相对位置，这是看懂组合体的基本条件，如图 6-6、图 6-7 所示。

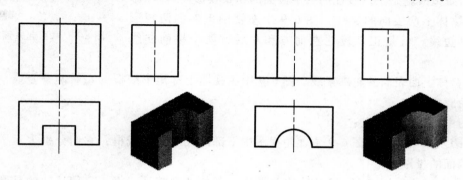

图 6-6　形状特征视图——最能反映物体形状特征的视图

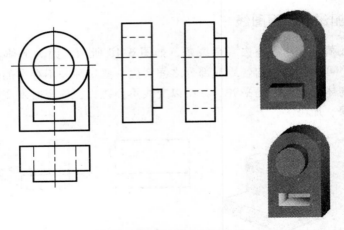

图 6-7　位置特征视图——最能反映物体位置特征的视图

3. 几个视图联系起来读

一个视图只反映组合体一个方向的形状，所以一个视图或两个视图通常不能确定组合体的形状。如图 6-8 所示，若仅知一个主视图，则可以构思出很多个组合体形状。假设原始形体是长方块，则左上角或者是被挖切掉的，或者是凸出来的，这两种情况又分别可想象出许多各自的形状。这里列举的是长方块左上角被挖切后产生许多种结果中的四例，它们都满足主视图的形状。若把主、左视图联系起来读，则组合体形状被缩小在如图 6-8a、b、c 三种可能的范围内，但仍无法确定是哪一个，只有再进一步联系俯视图，才能完全确定组合体的形状。

4. 明确投影图中直线和线框的意义

运用线面分析法，明确视图中每个封闭线框、每条图线是组合体的哪个表面、哪条线，如图 6-9 所示。

视图中的图线的含义：

1）物体上具有积聚性的表面。图 6-9 俯视图中的正六边形，其六条边线就是正六棱柱的六个棱面的积聚投影。

2）物体上两表面的交线。图 6-9 中左视图下部的两矩形框的公共边线，就是正六棱柱左前方和左后方两个棱面交线的投影。

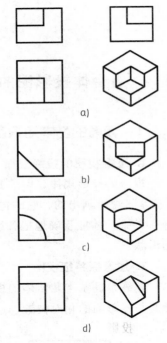

图 6-8　联系起来读视图

3）物体上曲表面的轮廓素线。图 6-9 中主视图上部矩形线框的左右两条竖线，即为圆柱体的轮廓素线。

视图中的图框的含义：

1）表示一个平面。图 6-9 主、左视图中下部的几个矩形线框，它们分别表示了六棱柱的几个棱面的投影。

2）表示一个曲面。图 6-9 主、左视图中上部的两个矩形线框，它们反映的是圆柱面的投影。

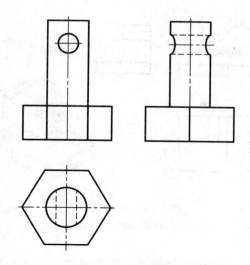

图 6-9 图线与线框的含义

3）表示孔、洞、槽的投影。图 6-9 左、俯视图中的虚线框，就表示了圆柱上方的一个圆孔的投影。

6.3.2 读图方法

读图的基本方法，可概括为形体分析法、线面分析法和画轴测图等方法。

1. 形体分析法

形体分析法是读图方法中最基本和最常用的方法。用形体分析法读图，就是在读图时，从反映物体形状特征明显的视图入手，按形体特征把视图分解为若干部分，根据"三等"规律，找出每一部分的有关投影，然后根据各基本形体的投影特性，想象出每一部分的形状，再根据整体投影图，找出各部分之间的相互位置关系，最后综合起来想象出物体的整体形状，如图 6-10 所示。

2. 线面分析法

线面分析法是在形体分析法的基础上，对于形体上难于读懂的部分，运用线、面的投影特性，分析形体表面的投影，从而读懂整个形体。分析过程可归纳成一句话：按线框、找投影，明投影、识面形、定位置、想整体。

【例 6-1】 如图 6-11a 所示的组合体三视图，运用线面分析法，想象其结构形状，并说明读图步骤。

分析：由三视图可以看出，该组合体表面全部是平面多边形，且三个视图外轮廓是由矩形变来的，所以，可以想象其原始形体是个长方块，然后经正垂面、铅垂面分别截切后得到的形体。

读图步骤：（1）按线框、找投影。物体视图中的每个线框都代表了物体上的一个表面，因此读图时，应对视图上所有的线框进行分析，不得遗漏。为了避免漏读某些线框，通常应从线框最多的视图入手，进行线框的划分。如图 6-11a 所示，从主视图入手，将主视图分成 1′、2′、3′、4′、5′五个线框或线段，由投影关系找到俯、左视图中的对应投影。

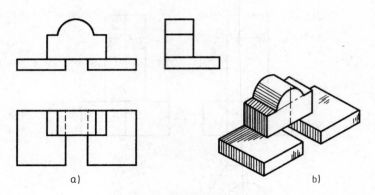

图 6-10　形体分析法

a）三面投影图　b）轴测图

（2）明投影、识面形。根据各线框的对应投影想出它们各自的形状和位置：Ⅰ——正垂位置的六边形平面；Ⅱ——铅垂位置的梯形平面；Ⅲ——侧平位置的矩形平面；Ⅳ——一水平面。

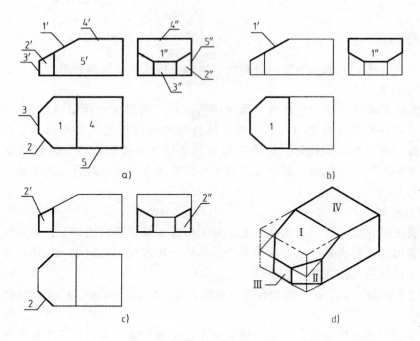

图 6-11　线面分析法

（3）定位置、想整体。由上述分析的表面，按各自投影位置组合起来的组合体可以看作是一个完整的长方体被正垂面Ⅰ和两个前后对称的铅垂面Ⅱ截切。所以，其最终整体形状如图 6-11d 所示。

3. 画轴测图法

画轴测图法就是利用画出正投影图的轴测图，来想象和确定组合体的空间形状的方法。实践证明，此法是初学者容易掌握的辅助识图方法，同时它也是一种常用的图示形式。

6.4 组合体投影图的尺寸标注

6.4.1 基本形体尺寸标注

基本形体是组成组合体的基础，研究组合体的尺寸标注，首先应掌握基本形体的尺寸标注法。

1. 平面立体的尺寸标注

平面立体的尺寸数量与立体的具体形状有关，但总体看来，这些尺寸分属于三个方向，即平面立体上的长度、宽度和高度方向，如图 6-12 所示，加括号的尺寸可以不注，作为参考。

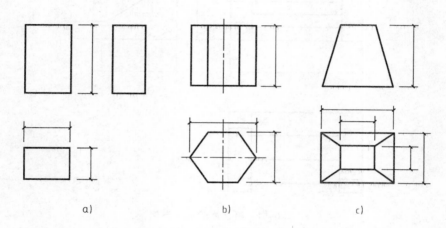

a)   b)   c)

图 6-12　平面立体的尺寸标注

2. 回转体的尺寸标注

由回转体的形成可知，回转体的尺寸标注应分为径向尺寸标注和轴向尺寸标注。其中圆柱、圆锥、圆台的尺寸也可集中标注在非圆视图上，此时组合体的视图数目可减少一个。对于圆球只需标注径向尺寸，但必须在直径符号前加注 "S"，如图 6-13 所示。

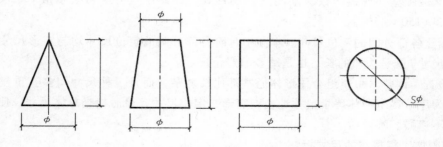

图 6-13　回转体的尺寸标注

6.4.2 组合体尺寸标注

1. 标注尺寸的基本要求

除了要满足尺寸标注的基本规定外，组合体的尺寸标注还必须保证尺寸齐全。所谓尺寸齐全是指下述的 3 种尺寸缺一不可。

1）定形尺寸：用于确定组合体中各基本体自身大小的尺寸。
2）定位尺寸：用于确定组合体中各基本形体之间相互位置的尺寸。
3）总体尺寸：确定组合体总长、总宽、总高的外包尺寸。

2. 标注尺寸的步骤

标注尺寸时，除了要借助于形体分析法外，还必须掌握合理的标注方法。下面以台阶举例说明组合体尺寸标注的方法和步骤。

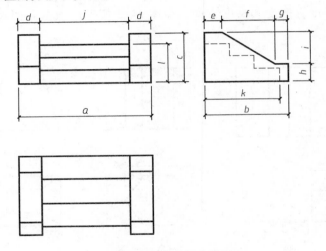

图 6-14 组合体的标注举例

1）标注总体尺寸。如图 6-14 所示，在建筑设计中，确定台阶形状最基本也是最重要的尺寸是台阶的总长、总宽和总高。所以首先标注图中 a、b、c 三个总体尺寸。

2）标注各部分的定形尺寸。在图 6-14 中，d、e、f、g、h、i 均为边墙的定形尺寸，j、k、l 为踏步的定形尺寸，而尺寸 b、c 既是台阶的总宽、总高，同时也是边墙的宽和高，故可以不必重复标注。由于台阶踏步的踢面宽和踢面高是均匀布置的，所以其定形尺寸亦可采用踏步数×踏步宽（或踏步数×踏面高）的形式，即图中尺寸 k 可表示成 $3 \times 280 = 840$，l 也可标为 $3 \times 150 = 450$。

3）标注各部分间的定位尺寸。本图中台阶各部分间的定位尺寸均与定形尺寸重复，例如，图中尺寸 j 既是边墙的长，也是踏步的定位尺寸。

4）检查、调整。由于组合体形体通常都比较复杂，而且三种尺寸间多有重复，所以检查以形体为序，逐个形体逐个尺寸地检查定形、定位尺寸，最后检查总体尺寸，使尺寸标注不重复、不遗漏、不矛盾。

3. 截割体、相贯体的尺寸标注

在标注带有截割体、相贯体的组合体时，对于那些可自然获得的尺寸，则不应标注。图

6-15 中加 × 的尺寸不应标注。

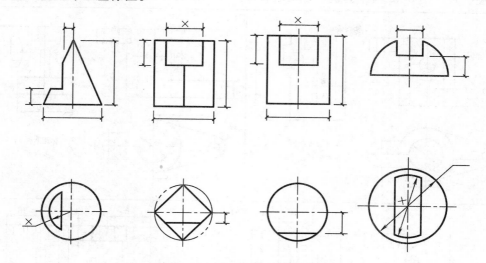

图 6-15　截割体、相贯体的尺寸标注

6.4.3　组合体尺寸标注中应注意的问题

（1）组合体尺寸标注前需进行形体分析，弄清反映在投影图上的有哪些基本形体，然后注意这些基本形体的尺寸标注要求，做到简洁、合理。

（2）各基本形体之间的定位尺寸一定要先选好定位基准，再行标注，做到心中有数、不遗漏。

（3）由于组合体形状变化多，定形、定位和总体尺寸有时可以相互兼代。

（4）组合体各项尺寸一般只标注一次。

6.4.4　尺寸的布置原则

确定了应标注哪些尺寸后，还应考虑尺寸如何布置，才能达到明显、清晰、整齐等要求。除遵照有关制图的国家标准规定外，还要注意如下几点：

（1）尺寸应尽量注在最能反映形体特征的图上，尽量避免在虚线上标注尺寸。

（2）表示同一部位的尺寸应尽量集中标注。

（3）尺寸尽可能注在图形之外。但为了避免尺寸界线过长或与过多的图线相交，在不影响图形清晰的情况下，也可以注在图形内部。

（4）与两个投影图相关的共有尺寸，应尽量标注在两个图形之间。

（5）尺寸要布置恰当，排列整齐。在标注同一方向的几排直线尺寸时，要做到间隔均匀，由小到大向外排列，以免尺寸线与尺寸界线相交。

（6）标注定位尺寸时，应该在长、宽、高三个方向分别选定尺寸基准。

通常以组合体底面、大端面、对称面、回转体轴线等作为尺寸基准。

6.4.5　尺寸标注举例

在标注组合体尺寸时，除了要求正确、齐全以外，还应力求做到尺寸布置清晰、整齐，便于看图。现以图 6-16 所示为例，说明组合体尺寸标注的方法和步骤：

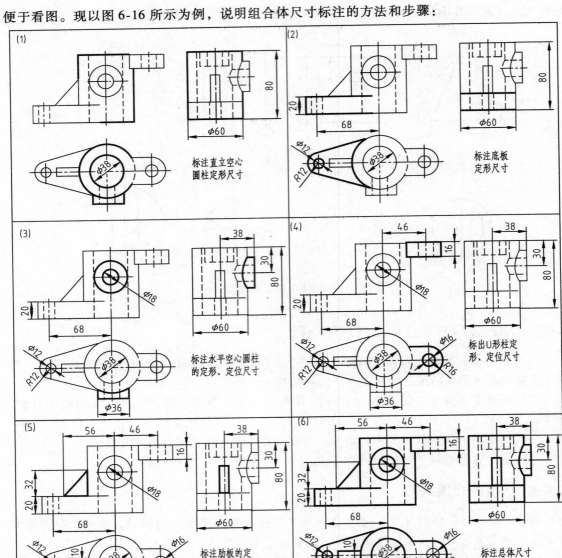

图 6-16　组合体尺寸标注举例

本章小结

　　本章主要介绍了叠加、切割等组合形式及形体分析和线面分析等方法，重点介绍了组合体投影的画法，在此基础上掌握组合体的读图，了解组合体的尺寸标注。

思考题与习题

　　1. 组合体的形体分析法是什么？组合形式有哪些？

2. 组合体投影的画法的步骤有哪些？

3. 读图的基本知识及注意事项是什么？

4. 读图的基本方法有哪些？

5. 什么是定形尺寸、定位尺寸和总体尺寸？

6. 标注组合体尺寸的步骤是什么？

实习与实践

阅读和制绘简单组合体投影图，见图 6-17。

如图 6-17 所示，已知形体的正面投影和侧面投影，求水平投影。

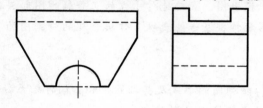

图 6-17　已知条件

第7章 轴测投影

学习目标：

1. 了解正等轴测图和斜二测图的形成及其轴间角和轴向伸缩系数。
2. 掌握求作任意点的轴测投影的基本方法——坐标法。
3. 能够根据物体的正投影图，正确地作出它的正等轴测图和斜二轴测图。
4. 能够根据物体的形状特征及专业属性，作出合理的轴测图的类型选择。

学习重点：

1. 正等轴测图和斜二轴测图的形成及其轴间角和轴向伸缩系数。
2. 用坐标法绘出任意点的轴测投影。
3. 由物体的正投影图作出它的正等轴测图和斜二轴测图。

学习建议：

1. 由轴间角和轴向伸缩系数这两个轴测图的关键要素入手来熟练掌握轴测图的画法。
2. 通过不断地练习绘制轴测图来加强对物体的空间感觉。
3. 通过轴测图的绘制来帮助自己对物体本身的理解。

7.1 轴测投影的基本知识

前面几章介绍的正投影图是工程实践中用得最多的一种图示方法，但在通常情况下，它的每一个投影都只能反映形体长、宽、高三个向度中的两个向度，识读时必须把三个投影图联系起来，才能想象出空间形体的全貌。所以，正投影虽然具有能够完整地、准确地表示出形体形状的优点，但其图形不直观，不具有立体感，缺乏读图知识的人不易看懂。

如图 7-1 所示，轴测投影图能够把一个形体的长、宽、高三个向度同时反应在一个图上，图形比较接近人们的视觉习惯，能帮助人们读懂正投影图。前面几章插图中的立体图大多是轴测投影图。轴测投影图是一种立体图，能直观地表达形体，但又常常不能准确反映形体的真实形状和完整地表达形体，因而在应用上有一定的局限性。在给水排水和暖通等专业图中，常用以表达各种管道系统的空间走向。其他专业图比如建筑图中，有时也作为一种辅助性图样使用。本章将介

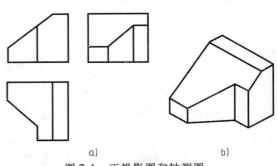

图 7-1 正投影图和轴测图

a）正投影图 b）轴测图

绍轴测投影图的形成与绘制方法。

7.1.1　轴测投影图的形成和分类

如图 7-2a 所示，采用平行投影的方法，将形体连同确定它们空间位置的直角坐标轴（OX、OY、OZ）一起，沿着不平行于坐标轴和坐标面的方向 S_1（或 S_2），投射到新的投影面 P（或 R）上，所得到的具有立体感的新投影称为轴测投影。新的投影面 P（或 R）称为轴测投影面。当轴测投射方向 S_1 垂直于轴测投影面 P 时，所得到的轴测投影称为正轴测投影。当轴测投射方向 S_2 不垂直于轴测投影面 R 时，所得到的轴测投影称为斜轴测投影。在

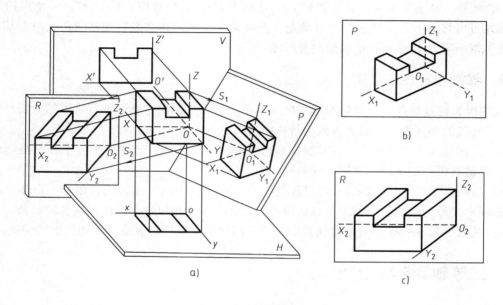

图 7-2　轴测图的形成

a）轴测投影的形成　b）正轴测投影图　c）斜轴测投影图

画轴测投影图时，通常把新得到的 O_1Z_1 或 O_2Z_2 放置成铅垂位置，如图 7-2b、c 所示。正轴测投影从理论上讲是单面正投影，它也可以按图 7-3 所示的方法形成：改变形体对投影面体系的位置，使形体上三条互相垂直的棱线都不与 H 面平行或垂直，此时将形体向 H 面作正投影，在 H 面上得到了正轴测投影图，它能反映形体的长、宽、高三个向度，具有立体感，这时的 H 面即为轴测投影面。同理，也可以用形体的三条互相垂直的棱线且都不与 V 面平行或垂直，则向 V 面作正投影，在 V 面上就得到了具有立体感的正轴测投影图，此时的 V 面就是轴测投影面。

用轴测投影方法画成的图，简称轴测图，也可解释为：沿着轴的方向可以测量的图。

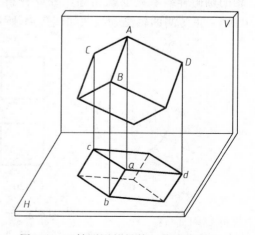

图 7-3　正轴测图的另外一种形成方式

68

7.1.2　轴测轴、轴间角、轴向伸缩系数

在轴测投影中，投射方向 S_1（或 S_2）称为轴测投射方向，它与形体的相对位置对轴测投影图的表达效果有较大影响。三条直角坐标轴 OX、OY、OZ 的轴测投影 O_1X_1、O_1Y_1、O_1Z_1 称为轴测投影轴，简称轴测轴。两相邻轴测轴之间的夹角 $\angle X_1O_1Z_1$、$\angle X_1O_1Y_1$、$\angle Y_1O_1Z_1$ 称为轴间角。轴测轴上某段长度与它在空间直角坐标轴上的实际长度之比称为该轴的轴向伸缩系数，则 X、Y、Z 轴的轴向伸缩系数分别为 $p = O_1X_1/OX$、$q = O_1Y_1/OY$、$r = O_1Z_1/OZ$。空间某点 A 在三个坐标面上分别有一个正投影 a、a'、a''，它们的轴测投影称为 A 点的次投影，则分别有水平面次投影 a_1，正面次投影 a_1' 和侧面次投影 a_1''。一个点的轴测投影位置可由它的任两个次投影唯一确定。只要确定了轴向伸缩系数和轴间角这两个基本要素，便可按一定方法作出形体的轴测投影图。

7.1.3　轴测投影图的性质

轴测投影图是根据平行投影原理作出的单面投影图，因此它具有平行投影的一切特性。

1）直线的轴测投影一般为直线，特殊时为点。

2）空间互相平行的直线，其轴测投影仍互相平行。因此，形体上平行于三个坐标轴的线段，其轴测投影也平行于相应的轴测轴。

3）空间互相平行的两线段长度之比等于它们轴测投影的长度之比。因此，形体上平行于坐标轴的线段的轴测投影长度与该线段实长之比，等于相应轴测轴的轴向伸缩系数。

4）曲线的轴测投影一般是曲线。曲线切线的轴测投影仍是该曲线轴测投影的切线。

7.2　正等轴测图的画法

7.2.1　正等轴测图的轴间角和轴向伸缩系数

正等轴测投影简称正等测。使空间形体的三个坐标轴与轴测投影面的倾角相等，则三个轴的轴向伸缩系数也就相等。经计算得到：$p = q = r \approx 0.82$ 时，三个轴间角相等，即均为 $120°$。正等测的轴测轴画法如图 7-4a 所示。

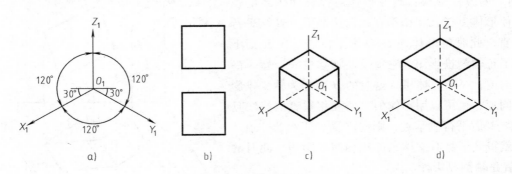

图 7-4　正等测轴测轴及正等轴测图

a）正等测的轴测轴　b）正投影图　c）$p = q = r = 0.82$　d）$p = q = r = 1$

为使作图简便，在实际应用中常将轴向伸缩系数由 0.82 简化为 1。简化后的轴向变化率称为简化系数。通常将按轴向伸缩系数作出的图称为轴测投影图，将按简化系数作出的图称为轴测图。用简化系数作正等轴测图时，是将形体的实际尺寸或正投影图中各坐标轴方向的原长度画到相应的轴测轴上，所以用简化系数 1 作出的正等轴测图（图 7-4d），比用实际轴向伸缩系数 0.82 作出的正等轴测投影图（图 7-4c），放大了 1.22 倍（1/0.82 = 1.22），即原来的 1.22 单位长通过正等测投影成了 1 单位。

7.2.2 平面体的正等轴测图

画轴测图应遵循的基本作图步骤为：

1）读懂正投影图，进行形体分析并确定形体上的直角坐标轴的位置，坐标原点一般设在形体的角点或对称中心上，且放在顶面或底面处，这样有利于作图。

2）选择合适的轴测图种类与合适的投影方向，确定轴测轴及轴向伸缩系数（或简化系数）。

3）根据形体特征选择合适的作图方法，常用的作图方法有坐标法、装箱法、叠加法、切割法、端面次投影法、包络法等。

4）画底稿，作图时应先确定形体在轴测轴上的点和线位置，并充分利用平行投影特性作图。

5）检查底稿无误后，加深图线，为保持图形的清晰性，轴测图中的不可见轮廓线（虚线）一般不画，但为了使有些基本形体的立体感更好，也可根据需要适当画上虚线或阴影线。

【例 7-1】 如图 7-5a 所示，根据正投影图画出正六棱柱的正等轴测图。

解：由正投影图可知，正六棱柱的顶面、底面均为水平的正六边形。在轴测图中，顶面可见，底面不可见，宜从顶面画起，且使坐标原点与正六边形的中心重合，作图步骤如图 7-5 所示。

1）在视图上确定坐标原点及坐标轴，如图 7-5a 所示。

2）在适当位置作轴测轴 O_1X_1、O_1Y_1，如图 7-5b 所示。

3）作点 A、D、I、II 的轴测图：沿 O_1X_1 量取 M，沿 O_1Y_1 量取 S，得到点 A_1、D_1、I$_1$、II$_1$，如图 7-5c 所示。

4）作点 B、C、E、F 的轴测图：过 I$_1$、II$_1$ 两点作 O_1X_1 轴的平行线，并量取 L 得到点 B_1、C_1、E_1、F_1，顺次连线，即完成了顶面的轴测图，如图 7-5d 所示。

5）完成全图：过 A_1、B_1、C_1、F_1 各点向下作平行于 O_1Z_1 轴的直线，分别截取棱线的高度为 H，定出底面上的点，并顺次连线，擦去作图线，加深轮廓线，完成作图，如图 7-5e 所示。

坐标法虽然是作轴测图的最基本方法，但对于有一系列平行线的形体，则不必以量取坐标值的方式——定出所有顶点，而应充分利用"平行线的轴测投影仍平行"的特性，省去一些定坐标值的作图步骤。如图 7-6 所示的台阶，其上有一系列平行线，作轴测图时可用坐标法结合画平行线的方式，先画出左端面的次投影。然后过左端面各顶点（1~9）作 O_1X_1 轴的平行线，画出可见棱线，再过 1 点的棱线上截取台阶宽度 l，得 1_1 点。由 1_1 点开始顺次作左端面相应线段的平行线，便可完成全图。这种作图方法称为端面次投影法。

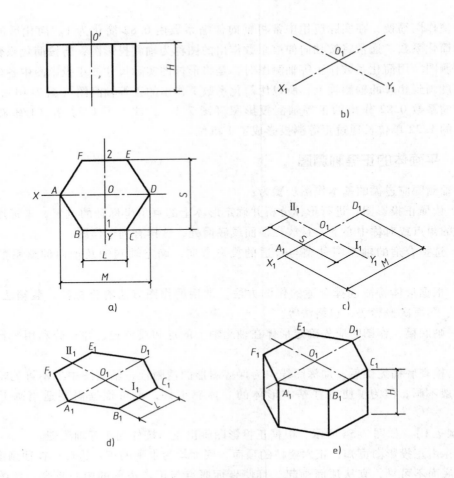

图 7-5　作正六棱柱的正等轴测图

a）正投影图　b）画轴测轴　c）作 A_1、D_1、I_1、II_1 点　d）作 B_1、C_1、E_1、F_1 点　e）整理描深

【例 7-2】　已知梁板柱节点的正投影图（图 7-7a），作其正等轴测图。

解：（1）分析。梁板柱节点由若干四棱柱叠加组合形成，可采用叠加法作轴测图。为表达清楚组成梁板柱节点的各基本形体的相互构造关系，应画仰视轴测图，即轴测投影方向是从左前下至右后上。

（2）作图。画正等轴测轴，并取简化系数作出四棱柱楼板的轴测图，如图 7-7b 所示。

1）给梁和柱定位，如图 7-7c 所示，在楼板底面上，给出柱子、主梁和次梁的水平面次投影。

2）画柱子，如图 7-7d 所示。过柱子次投影的四个顶点 a_1、b_1、c_1、d_1，向下画柱子的高度 h，绘出柱子的轴测图。

3）画主梁，如图 7-7e 所示。过主梁的次投影向下画相应的高度，绘出主梁的轴测图，

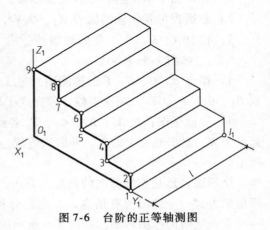

图 7-6　台阶的正等轴测图

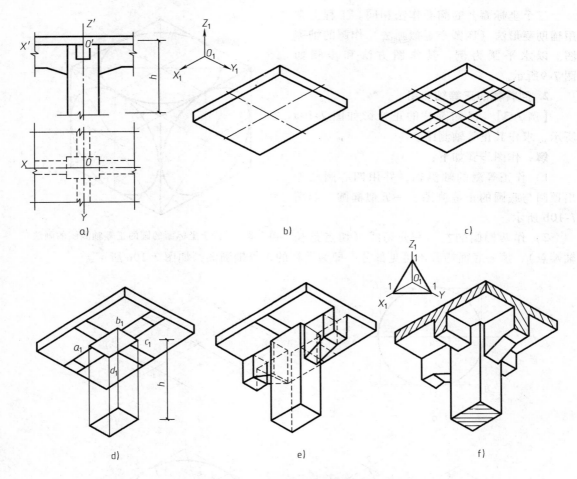

图 7-7　梁板柱节点的正等轴测图的画法（叠加法）

a）正投影图　b）画楼板　c）给楼板定位　d）画柱子　e）画主梁　f）画次梁并完成全图

并画出主梁与柱子左右侧面的交线（左边交线被柱子遮挡）。

4）画次梁并完成全图，如图 7-7f 所示。过次梁的次投影向下画高度，画出次梁的轴测图，并画出次梁与柱子前后表面的交线（后边交线被柱子遮挡）。检查无误后，用规定的线型加深轴测图。节点的断面边界画粗实线，断面上的剖面线画细实线，剖面线方向垂直于相应轴测轴，其余轮廓线画粗实线。

7.2.3　曲面体正等轴测图的画法

曲面体与平面体正等测图的画法基本相同，只是由于其上多有圆（圆弧）或圆角，所以，只要掌握圆或圆角正等测图的画法，就能画出曲面体的正等轴测图。

1. 圆的正等轴测图

与坐标面平行的圆或圆弧，在正等测图中成为椭圆或椭圆弧。由于各坐标面对轴测投影面的倾斜角度相等，因此，平行于各坐标面且直径相等的圆，其轴测投影均为长短轴之比相同的椭圆，如图 7-8 所示。

三个坐标面上的椭圆作法相同。工程上常用辅助菱形法（四圆心近似画法）作圆的轴测图。以水平圆为例，其作图方法和步骤如图7-9所示。

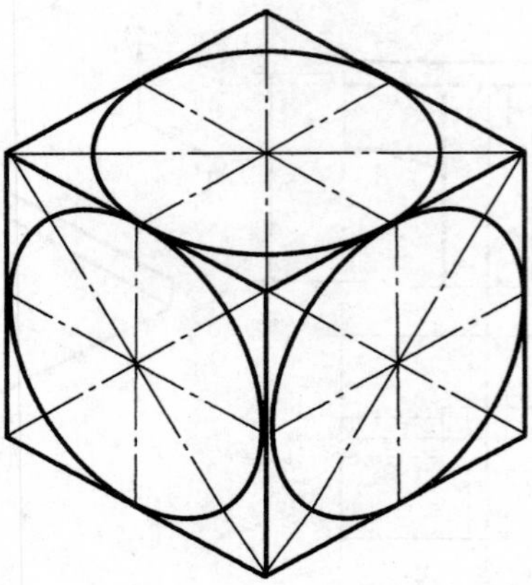

2. 回转体的正等轴测图

【例7-3】 已知圆柱的正投影如图7-10a所示，求作其正等轴测图。

解： 作图步骤如下：

1）作正等测的轴测轴，并用四心圆法作出顶圆与底圆的正等测图——近似椭圆，如图7-10b所示。

2）作两椭圆的左、右公切线（切点是长轴端点），擦去底面椭圆不可见部分，即为圆柱的正等轴测图，如图7-10c所示。

图7-8 平行于坐标面的圆的正等轴测图的画法

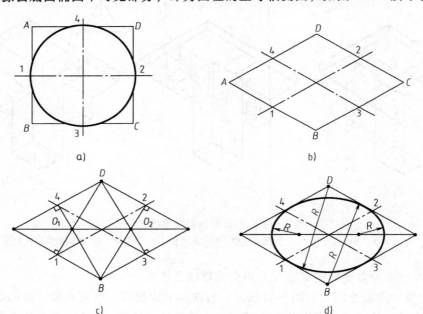

图7-9 辅助菱形法作圆的轴测图

a）已知平行于 H 面的圆作其外切正方形 ABCD b）画轴测轴，作出外切正方形的轴测图（菱形）

c）连接 1D、3D、2B、4B，得到四个圆心 O_1、O_2、D、B d）画出四段圆弧 $\overset{\frown}{14}$、$\overset{\frown}{23}$、$\overset{\frown}{42}$、$\overset{\frown}{31}$

3）为加强立体效果，可加绘平行于轴线的阴影线（细实线），愈近轮廓线愈密，在轴线附近不画，如图7-10d所示。

【例7-4】 已知被切割后的圆柱的正投影图（图7-11a），求作其正等轴测图。

解：（1）分析。先作完整的圆柱，再作其上的截交线，截交线上适当选取点 1～9（图7-11a），其轴测图用坐标法作出，以圆柱轴线为 OX 轴建立坐标系。

（2）作图。

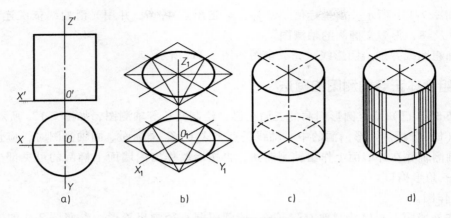

图 7-10 圆柱的正等轴测图的画法
a）正投影　b）作上下椭圆　c）作椭圆切线　d）加绘阴影

1）定正等测的轴测轴，取简化系数作两端面的近似椭圆及公切线，画出完整的圆柱如图 7-11b 所示。

2）如图 7-11c 所示，由点 S_1 下降 z_1 高度后，作与 O_1Y_1 轴平行的直线，交左端面椭圆于点 1、9。过点 1、9 作 O_1X_1 轴的平行线，并在其上截取 x_1 后得点 2、8，连各点得截交线 1289。

3）如图 7-11d 所示，在圆柱最前、最后素线的正等测图上量取 x_2，得点 3、7，在圆柱最高素线的正等测图上量取 x_4，得点 5。

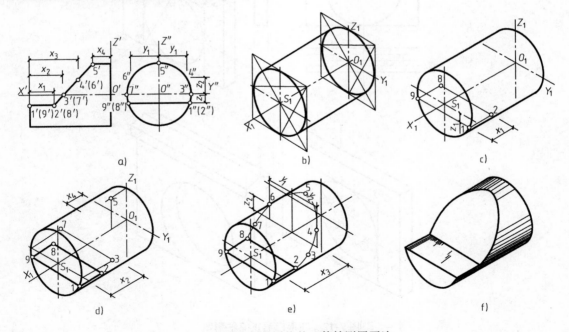

图 7-11 被切割的圆柱的正等轴测图画法
a）正投影图　b）画完整圆柱　c）作点 1、2、8、9　d）作点 3、5、7
e）作点 4、6　f）完成全图

4）如图 7-11e 所示，由坐标值 x_3、y_1、z_2 定出点 4，6，并用光滑曲线依次连点 2、3、4、5、6、7、8，得截交椭圆的轴测图。

5）加粗图线并加绘阴影线，完成全图如图 7-11f 所示。

7.2.4 组合体正等轴测图的画法

【例 7-5】 已知墙上圆形门洞的三面投影，绘制其正等轴测图，如图 7-12a 所示。

解：（1）分析。圆形门洞的中心轴线垂直于 $X_0O_0Z_0$ 坐标面。画轴测图时，应包含 OX、OZ 两根轴测轴并在外墙面上作出轴测椭圆，再按墙厚作出内墙面上椭圆的可见部分，最后画出墙上三角形檐口。

（2）作图。

1）在外墙面上画出轴测轴 OX、OZ，按圆门洞直径画出菱形，参照图 7-9 的方法定出四个圆心，分别作四段圆弧即为外墙面上圆的轴测图，如图 7-12b 所示。

2）将圆心 O_2、O_3、O_4 沿 OY 轴方向移动墙厚 B 的距离得点 O_2'、O_3'、O_4'。以这些点为圆心，相应长度为半径，画出内墙上圆的可见部分，如图 7-12c 所示。

3）按墙上檐口的高度 H 和宽度 Y，画出檐口的轴测图，如图 7-12d 所示。

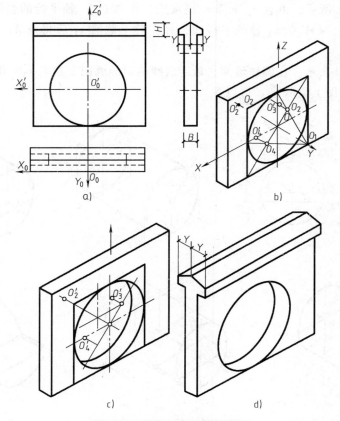

图 7-12 圆形门洞正等轴测图

【例 7-6】 已知房屋形体的正面和水平投影（图 7-13a），绘制其正等轴测图。

解：（1）分析。该房屋是既有叠加又有切割的形体。主体部分为凹字形，右上角切割成圆角。裙房的左角切割成圆角。

（2）作图。

1）画凹字形主体和 L 形裙房的轴测图，画裙房的圆角时，参照图 7-9 的方法作出切点 1、2 和圆心 O_1，同样方法作出主体右上角圆角的切点 3、4 和圆心 O_2，如图 7-13b 所示。

2）将 O_1、O_2 下移切角部分的高度，定出下底面圆弧的圆心，分别作四段圆弧。并在主体部分右上角作上、下小圆弧的公切线，即完成作图，如图 7-13c 所示。

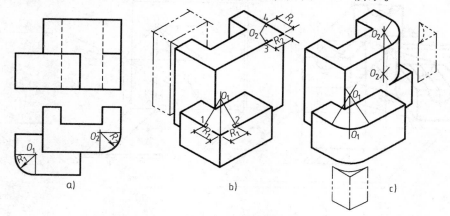

图 7-13　房屋形体的正等轴测图

7.3　斜二测图的画法

7.3.1　斜二测图的轴间角和轴向伸缩系数

如图 7-14a 所示，当轴测投影面 R 与正立面（V 面）平行或重合时，所得到的斜轴测投影称为正面斜轴测图。由于轴测投影面 $R /\!/ V$ 面，则不论投射方向 S 如何变化，空间坐标轴 OX 与 OZ 的正面斜轴测投影的长度与夹角都反映实形，即轴测轴 O_1X_1 与 O_1Z_1 的轴向伸缩系数均为 1，其轴间角 $\angle X_1O_1Z_1 = 90°$，由此可见，形体在正平面上的图形，在正面斜轴测投影中都反映其实形；而 O_1Y_1 轴的轴向伸缩系数与方向（O_1Y_1 轴与 O_1X_1 轴的夹角），会随轴测投射方向的变化而各自独立变化，如图 7-14b 所示。

在坐标轴 OY 轴上取 OA 线段作其正面斜轴测，当投射方向 S_1 变为 S_2 时，可使 OA 线段在 V 面（或轴测投影面）上的投影长度不变，即 $o'a_1' = o'a_2'$，而其投影对水平线（OX 轴）的夹角从 σ_1 变为 σ_2，即轴向伸缩系数不变时轴间角可变。当投射方向由 S_2 变为 S_3 时，可使 OA 线段在 V 面上的投影长度由 $o'a_2'$ 变为 $o'a_3'$，而其投影对水平线的夹角 σ_2 不变，即轴向伸缩系数变化时，轴间角可以不变。这就说明 O_1Y_1 轴的轴向伸缩系数与轴间角之间无对应关系，可随意选择。通常选择 O_1Y_1 轴与 O_1Z_1 轴成 30°、45° 或 60° 夹角，O_1Y_1 轴的轴向伸缩系数取为 1 或 0.5，其中以 O_1Y_1 轴与 O_1X_1 轴成 45° 夹角，$p = r = 1$，$q = 0.5$，如图7-14c 所示的正面斜二测图较为常用。

当轴测投影面 P 与水平面 H 平行时，如图 7-15a 所示，所得到的斜轴测投影称为水平面斜轴测图。

不论投射方向如何变化，轴测轴 O_1X_1 与 O_1Y_1 的轴向伸缩系数均为 1（反映坐标轴 OX 与 OY 的实形），轴间角 $\angle X_1O_1Y_1 = 90°$。而 O_1Z_1 轴的伸缩系数及方向可以单独随意选择。通常把 O_1Z_1 轴画为铅垂方向，O_1X_1 和 O_1X_1 轴与水平方向线夹角分别为 30° 和 60°，O_1Z_1 轴的伸缩系数取 1 或 0.5，如图 7-15b 所示。

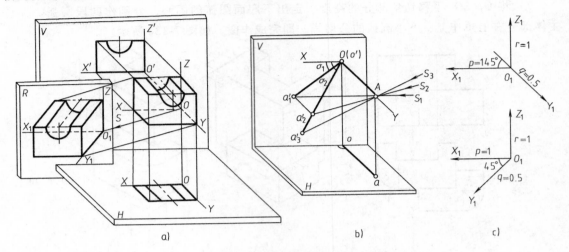

图 7-14　正面斜轴测投影

a）正面斜轴测投影的形成　b）O_1Y_1 轴的变形系数与轴间角互不相关　c）常用的轴测轴及变形系数

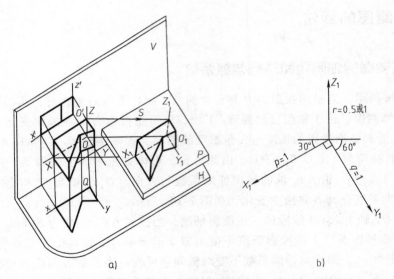

图 7-15　水平面斜轴测投影

a）水平斜轴测投影过程　b）常用的轴测轴及变形系数

7.3.2　正面斜二测图的画法

【例 7-7】　已知台阶的正面投影图（图 7-16a），求作其轴测图。

解：（1）分析。在正面斜二测图中，轴测轴 OX、OZ 分别为水平线和铅垂线，OY 轴根据投射方向确定。如果选择由右向左投射，如图 7-16b 所示，台阶的有些表面被遮或显示不清楚，而选择由左向右投射，台阶的每个表面都能表示清楚，如图 7-16c 所示。

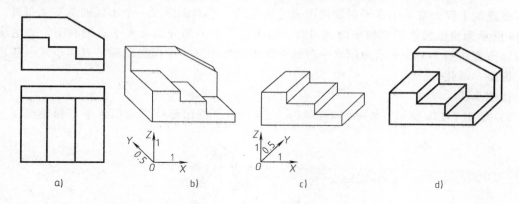

图 7-16　台阶的正面斜二测图

（2）作图。作图步骤如图 7-16c、d 所示，画出轴测轴 *OX*、*OZ*、*OY*，然后画出台阶的正面投影实形，过各顶点作 *OY* 轴平行线，并量取实长的一半（$q = 0.5$）画出台阶的轴测图，再画出矮墙的轴测图。

【例 7-8】　已知拱门的正面投影图（图 7-17a），求作其轴测图。

解：（1）分析。轴测投影面 *XOZ* 反映拱门正面投影的实形，作图时应注意 *OY* 轴方向各部分的相对位置以及可见性。

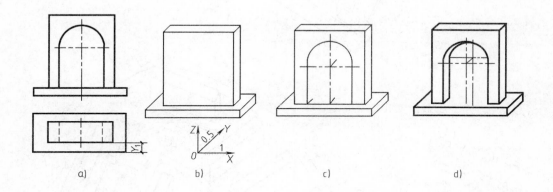

图 7-17　拱门的正面斜二测图

（2）作图。

1）画轴测轴，*OX*、*OZ* 分别为水平线和铅垂线，*OY* 轴由左向右或由右向左投射绘制的轴测图效果相同。先画底板轴测图，并在底板面上向后量取 $Y_1/2$，定出拱门前墙面位置线，画出外形轮廓立方体，如图 7-17b 所示。

2）按实形画出拱门前墙面及 *OY* 轴方向线，并由拱门圆心向后量取 1/2 墙厚，定出拱门在后墙面的圆心位置，如图 7-17c 所示。

3）完成拱门正面斜二测图，注意要画出拱门后墙面可见部分图线，如图 7-17d 所示。

7.3.3 水平斜二测图的画法

在建筑工程上常采用水平斜轴测图表达房屋的水平剖面图或一个小区的总平面布置。图 7-18a 所示为房屋被水平剖切平面剖切后，将房屋的下半部分画成水平斜轴测图，表达房屋的内部布置。图 7-18b 所示为用水平斜轴测图画成的小区总平面鸟瞰图，表达小区中各建筑物、道路、绿化等。

作图步骤：

1）如图 7-18a 所示，画轴测轴，取 $p=q=r=1$，画出形体顶面的水平面斜轴测图，实

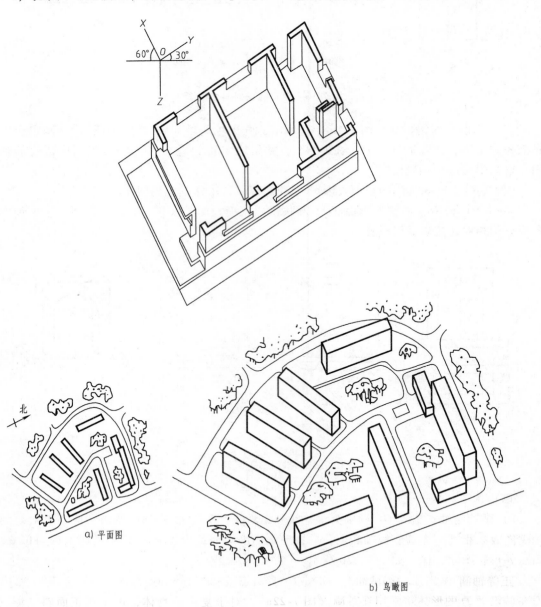

a) 平面图

b) 鸟瞰图

图 7-18　水平斜轴测图

际上就是将 H 面投影逆时针旋转 30° 后画出。

2）如图 7-18b 所示，画形体底面（即把顶面下降房屋相应高度后画出）。

3）画道路、地面和草地等环境设施，清理图面、加深图线（可加绘阴影线润色），如图 7-18b 所示。

7.4 轴测图类型的选择

轴测图类型的差异直接影响到轴测图的效果。选择时，一般应先考虑采用作图比较简便的正等轴测图。如效果不好再考虑用正二测图，最后才考虑斜二测图。现分述如下：

1. 图形要完整、清晰

轴测图上应避免遮挡，要尽可能将隐蔽部分表达清楚，要能看透孔洞的底面（图 7-19a）。

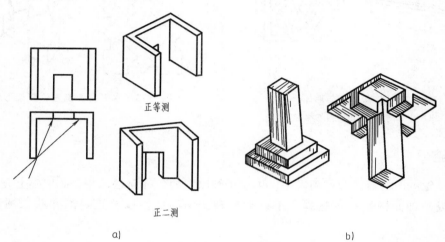

图 7-19　形体的观看方向

基础的观看方向应自上而下；梁、板、柱的观看方向应自下而上，使梁与柱的交接处，不致被上部的板所遮挡而看不见，如图 7-19b 所示。由此可以看出，轴测图观看方向的选择也很重要。

2. 图形的立体感要强

轴测图的特点，就是图形的直观性强。要求画出来的图形，能与人们日常观察物体的印象大体相似。例如，图 7-20a 所示的柱墩的转角处的交线，形成了一条上下贯通的直线，这个角度不为人们所常见，因此立体感较差，不如图 7-20b 所示的正二测图直观、立体感强。又如图 7-21 所示上下重叠的两块立方块，底板底面均成正方形，如果画成正等测图（图 7-21a），上面那个方块的两个侧面，刚好重合为直线，而它的正二测图就没有这个缺点（图 7-21b）。

3. 作图要简便

正等轴测图可以直接用 30°×60° 三角板和圆规作图，方法简便，一般应用比较广泛。对于方正平直的形体，常用正二测（图 7-22a）；对于复杂的物体，可采用正面斜二测（图 7-22b）和水平斜二测（图 7-23）。

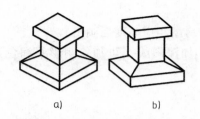

图 7-20　正等测与正二测的比较（一）
a）正等测　b）正二测

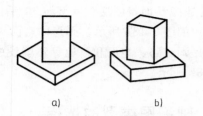

图 7-21　正等测与正二测的比较（二）
a）正等测　b）正二测

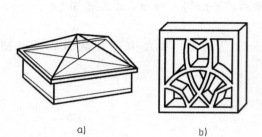

图 7-22　方直与复杂形体
a）正二测　b）正面斜二测

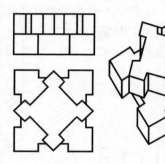

图 7-23　水平斜二测表达复杂形体

本章小结

　　本章以轴测图的形成和作用入手，讲述了轴测图的各种问题，并在此基础上介绍了轴测投影的形成和轴测图类型的选择。重点掌握轴测图的特性以及正等测和斜二测图的绘制方法。

思考题与习题

　　1. 什么是轴测投影图？它与正投影图的区别是什么？
　　2. 正轴测投影与斜轴测投影的区别是什么？
　　3. 正等测图和斜二测图是如何形成的？它们的轴间角和轴向伸缩系数各是多少？
　　4. 在用"四心圆法"作不同位置的投影面平行圆的正等测图时，应如何确定椭圆长、短轴的方向？
　　5. 如何根据形体的结构特点来选择不同的轴测投影方法？

实习与实践

　　有针对性地练习绘制各类建筑工程实物的轴测图，并通过其轴测图来增强对建筑物的理解。

第8章　建筑形体的表达方法

学习目标：

1. 掌握六面基本视图、镜像图的投影原理、表达方法、应用范围以及规定画法。
2. 掌握剖面图、断面图的种类、画法、应用及其读图方法。
3. 掌握工程制图中常用的简化画法。

学习重点：

视图、剖面图、断面图的种类、画法、应用及其标注。

学习建议：

1. 认真观察和分析剖面图、断面图的剖切原理、方法和投影规律。
2. 通过建筑形体剖切后的空间位置与投影的互换，逐步建立起空间概念，从而掌握好剖面图、断面图的作图方法和看图方法。

8.1　建筑形体的视图

8.1.1　六面基本视图

在建筑工程图中，视图主要是用来表达建筑物的外部形状，应按直接正投影法绘制。

如图8-1b是形体按直接正投影法绘制所得到的六个视图，通常称为六面视图或六面图。图中的 A、B、C、D、E、F 表示六个投影的投射方向（绘图时这些字母是不必注写的，在这里只是为了帮助读者理解而添加的）。投射方向 A、B、C 是分别在形体的前方、上方、左方向位于形体后方、下方、右方的投影面作正投影，所得到的视图分别称为正立面图、平面图、左侧立面图，这就是前面各章所讲述的三面投影图和三视图。当按 A、B、C 的反方向 F、E、D 分别从形体的后方、下方、右方向位于形体前方、上方、左方的投影面作正投影时，则分别得到该体形的背立面图、底面图、右侧立面图，它们与正立面图、平面图、左侧立面图一起组成了形体的六面基本视图。这六个基本视图仍然遵守"长对正、高平齐、宽相等"的投影规律。当形体的六视图按图8-1b配置时，允许不在视图中标注图名和表达投射方向的字母。

在实际工作中为合理利用图纸，在同一张图纸上绘制六视图或者某些图样时，其布图宜按主次关系从左至右排列，通常形体的正立面图、平面图、左侧面图的相对位置关系不能改变，其他视图则可按一定的投影关系配置在适当的位置上，如图8-1c所示。这时均应在每个图样的下方标注图名，并在图名下绘制粗横线，其长度应与图名长度一致。

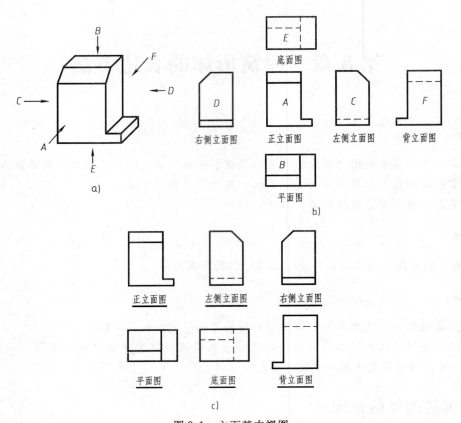

图 8-1　六面基本视图

a）六个投影方向　b）按投影关系配置的六面视图　c）非标准配置的六面视图

　　工程形体并不是全部都必须用六视图来表达，而是要求在完整、清晰表达的前提下，力求视图简便。例如图 8-2 只用了四个立面图和一个平面图就能够清楚地表现出一栋房屋的外形。

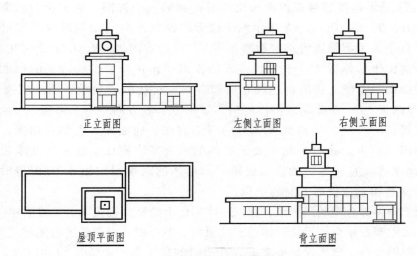

图 8-2　房屋的多面投影视图

绘制视图时需注意：图中的虚线一般是用来表达不可见的内部结构形状，如果该结构形状在其他视图中已经表达清楚了的，则在这个视图中的虚线就可以省略不画，否则这些虚线必须画出。

8.1.2 镜像投影图

当某些建筑构造在采用直接正投影法作图不易表达清楚时，可采用如图8-3a所示的镜像投影法来绘制。

图8-3b是用镜像投影法画出的平面图。当采用镜像投影法表达工程形体时，应在图名后加注"镜像"二字。在房屋建筑图中，常用这种镜像平面图来表达室内顶棚的装修，以及灯具或古建筑中殿堂室内房顶上藻井（图案花纹）等构造。

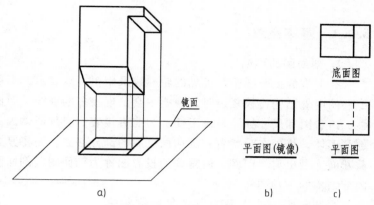

图 8-3 工程形体的镜像投影图
a）示意图 b）镜像投影图 c）平面图和底面图

图8-3c则是用直接正投影法画出这个形体的平面图和底面图，以供读者与图8-3b镜像平面图作比较。

8.1.3 辅助投影图（展开画法）

在房屋设计中，经常会出现建筑物的某立面与投影面不平行，画立面图时，可假想将该立面绕过折点且垂直于 H 面的轴旋转展开至与投影面 V 面（或 W 面）平行，再用直接正投影法绘制。采用此作图方法时应在图名后加注"展开"两字，如图8-4中所示房屋的立面图。

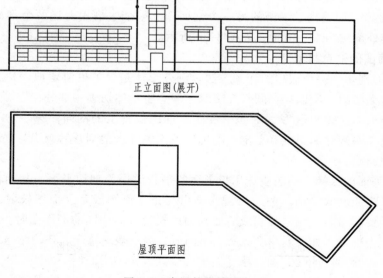

图 8-4 房屋的展开画法

8.2 建筑形体的剖面图

8.2.1 基本概念

1. 剖面图的形成

在形体的投影图中，可见的轮廓线采用粗实线表示，不可见的轮廓线用虚线表示，当构配件的内外结构比较复杂时，视图中会出现较多的虚线，因而会产生实线、虚线相互交错重叠，给看图和尺寸标注带来不便。为能直接表达清楚形体内部的结构形状，可假想用剖切面剖开形体，将处在观察者和剖切面之间的部分移去，而将其余部分向投影面进行投射，并在截断面上画出材料图例，所得到的投影图称为剖面图。剖面图是工程上广泛用于表达形体的内部结构的一种图样。

图 8-5 所示的三面投影图虽能完整表达出整个水槽的内、外形状，但视图中表达水槽内部形状的虚线较多，使看图不够清晰。如果能采用剖面图的表达方法，则可将它的内部结构形状表达得更加清楚。

图 8-6a 是假想用通过水槽底部圆孔轴线的正平面 P 剖开水槽，移去剖切面平面 P 的前半个水槽，将剖切剩下的后面半个水槽向与剖切平面 P 平行的 V 面进行投射，这样就得到整个水槽的剖面图。

图 8-6b 是假想用通过水槽底部圆孔轴线的侧平面（即水槽的左右对称面）剖开

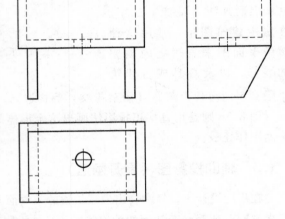

图 8-5　水槽的三面投影图

水槽，移走剖切平面 Q 左边的半个水槽，然后将剖开后剩下的右半个水槽向与剖切平面 Q 平行的 W 面投影，即得到了水槽的另一个剖面图。整个水槽用上述两个剖面图和一个平面图就可将其内外部结构表达清楚，如图 8-6c 所示。

2. 画剖面图的注意事项

1）形体的剖切是一个假想的作图方法。剖开形体是为了更清楚地表达其内部形状，实际上形体仍是完整的，所以只在画剖面图时才假想将形体切去一部分，在画其他视图时，形体仍应完整画出。如图 8-6c 所示，虽然在正立面图位置上的剖面图只表达了被剖切后的后半个水槽，但在左侧立面图位置上剖面图仍应按完整的水槽剖开后画出。同理，平面图也应按完整的水槽画出。

2）剖切平面的选择。一般应选用投影面的平行面作为剖切平面，从而使剖切后的形体截断面在投影上能反映实形。例如当需要画出与正立面图或背立面图投射方向相同的剖面图，或者是需要画出与左侧立面图或右侧立面图投射方向相同的剖面图时，就应该分别用正平面或侧平面去剖切，如图 8-6a、b 所示。同时，为了表达清晰，还应尽量使剖切平面通过形体的对称面以及形体的孔、洞、槽等结构的轴线或对称中心线。

3）材料图例的规定画法。形体被剖切后得到的断面轮廓用实线绘制，并按制图国家标准的规定，在断面内画出相应的建筑材料图例（建筑材料图例规定画法见相关表）。当不需要表明建筑材料的种类时，均采用间隔均匀、方向一致的 45°细实线（相当于砖的材料图例）表示。在同一形体的各个图样中，断面上的图例线应间隔相等、方向相同。由不同材料组成的同一建筑物，剖切后在相应的断面上应画出不同的材料图例，并用粗实线将处在同一平面上的两种材料图例隔开，如图 8-7 所示。

4）剖面图一般不画出虚线。为使剖面图清晰易读，对已经表达清楚了的构件的不可见轮廓线可省略不画，但如添加少量的虚线可以减少视图而又不影响剖面图清晰的情况下，也可以画出虚线。在未作剖面图的视图中的虚线也可按上述原则处理。

3. 剖面图的标注

为了便于读图和查找剖面图与其他图样间的对应关系，制图国家标准对剖面图的标注作了如下规定：剖面图的标注由剖切符号及其编号组成，其形式如图 8-8 和图 8-9 所示。

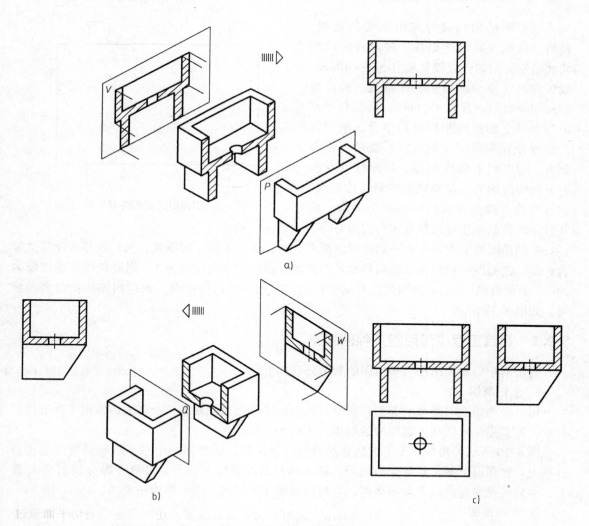

图 8-6 水槽剖面图的形成

a）水槽正立剖面图的形成 b）水槽侧立剖面图的形成 c）水槽的剖面图

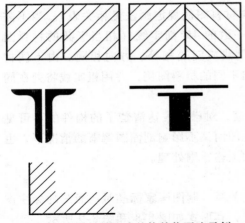

图 8-7　不同材料组成的构筑物画法示例

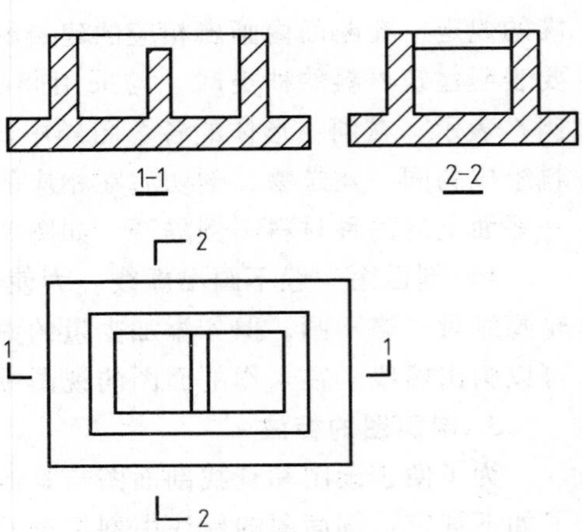

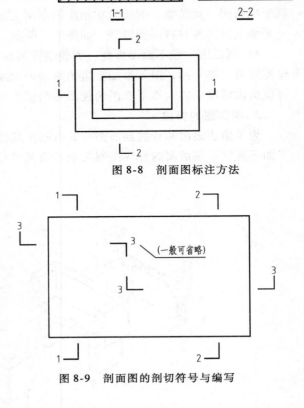

图 8-8　剖面图标注方法

图 8-9　剖面图的剖切符号与编写

剖面图的剖切符号应由剖切位置线、投射方向线及其编号组成，前两者应以粗实线绘制。剖切位置线长度宜为 6 ~ 10mm；投射方向线应与剖切位置线垂直，长度短于剖切位置线，宜为 4 ~ 6mm；剖切符号不应与图形上的图线相接触和重合。剖切符号的编号宜采用阿拉伯数字，按顺序由左到右、由下到上依次编排，并应注写在投射方向线的端部。需要转折的剖切位置线，在转折处为避免与其他图线发生混淆，应在转角的外侧加注与该符号相同的编号。

在剖面图的下方正中或一侧应标注图名，并在图名下绘一粗横线，其长度等于注写文字的长度。剖面图以剖切符号的编号命名，例如，剖切符号的编号为 1，则绘制的剖面图命名为"1-1 剖面图"，也可将图名简写成"1-1"。其他剖面图的图名，也应同样依次命名和标明，如图 8-10 所示。

8.2.2　建筑工程中常用的几种剖面图

现将常用的剖面图按当前惯用的命名分述如下：

1. 全剖面图

用一个剖切面将形体全部剖开所得到的剖面图称为全剖面图。全剖面图常用于外形比较简单，需要完整地表达内部结构的形体，如图 8-6 所示。

图 8-10 所示的房屋，为了表达它的内部布置情况，假想用一个水平剖切面将房屋沿窗台以上、窗顶以下某个位置全面剖开，移去剖切面及其以上部分，将剩下部分投射到 H 面上，得到的是房屋的水平全剖面图，这种剖面图在建筑施工图中称为平面图。

2. 半剖面图

当形体对称且内外形状都需要表达清楚时，可假想用一个剖切面将形体剖开，在同一个投影图上以对称中心线或轴线为界画出半个外形投影图与半个剖面图，这种组合而成的图形

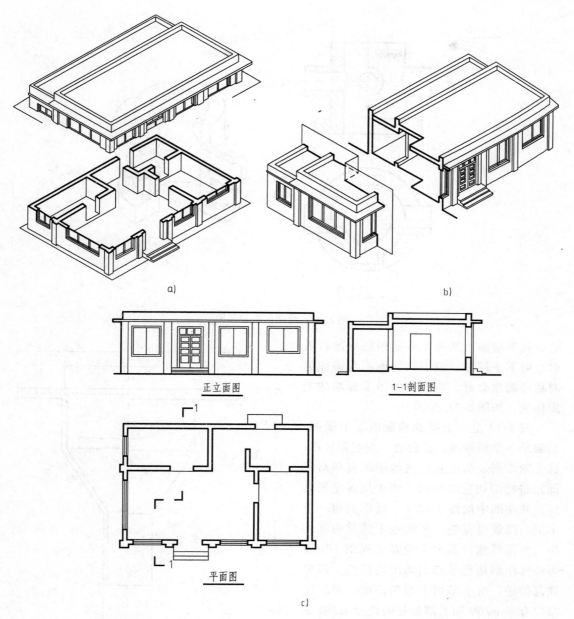

a)   b)

正立面图   1-1剖面图

平面图

c)

图 8-10　房屋的剖面图

a）水平剖切　b）阶梯剖切　c）房屋平面图、正立面图、1-1 剖面图

称为半剖面图。半剖面图适用于结构对称且内外形状都需要表达的形体。

图 8-11 所示的工程形体，其左右、前后均对称，如果采用全剖面图，则不能表达外表面的形状，故采用半剖面图以保留一半外形投影图，再配上半个剖面图表达形体内部构造。半剖面图中一般不再画出虚线，但图中孔、洞的轴线必须画出。

在半剖面图中，剖面图和投影图之间，规定用形体的对称中心线（细单点长画线）为分界线。如图 8-11 所示，当对称中心线或轴线铅垂时，习惯上将剖面图画在铅垂线的右侧；当对称中心线或轴线水平时，剖面图则画在水平线的下方。若剖切平面与形体的对称平面重

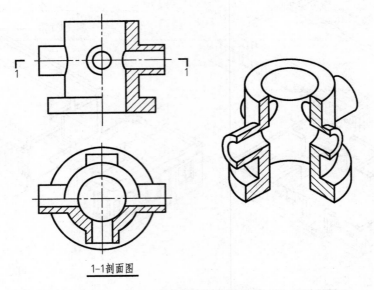

图 8-11　形体的半剖面图

合，且半剖面图又处于六面图的标准位置时，可不予标注。但当剖切面不与形体的对称平面重合时，应按制图国家标准的规定标注，如图 8-11 所示。

图 8-12 是一个铸铁地漏的半剖面图。地漏是一个回转体，其前后、左右都对称，这个剖面图是在正立面（地漏的前后对称面）进行剖切后画出的。由于地漏是回转体，并在图中加注了尺寸，所以只用一个半剖面图就可完整、清晰地表达其内部结构与外部形状。因为未画其他视图，所以不必标注剖切符号和剖面图的图名。但要注意的是：由于采用了半剖面图，要标注槽口直径 $\phi260$ 和上部圆柱的内径 $\phi250$ 等尺寸时，根据国家制图标准的规定，只需画出一端的尺寸界线和尺寸起止符号，但

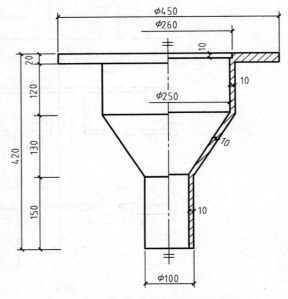

图 8-12　用半剖面图表达的铸铁地漏

尺寸线应超过轴线，而且要标注完整的直径符号和尺寸数值，如需表明材料，可在剖面图的断面上画出金属（铸铁）的材料图例。

3. 局部剖面图

用剖切平面局部地剖开形体后所得到的剖面图，称为局部剖面图。局部剖面图常用于没有对称面，且外部形体比较复杂，仅仅需要表达局部内形的建筑形体。

图 8-13a 是一个混凝土圆管被局部剖开后的剖面图。由于圆管为回转体，所以只需要画出这个圆管的一个正立面图，然后部分地剖开该圆管，以表达清楚它的贯通情况，剖开处画

出剖面图，未剖到的画外形图，两者以波浪线分界，这样就能在一个图上同时表达圆管的内外形状，再注全它的内、外直径尺寸，就能完整清晰地表达这个圆管了。

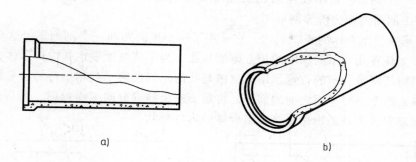

图 8-13　用局部剖面图表达的混凝土圆管
a) 局部剖面图　b) 轴测图

画局部剖面图时应注意：

1) 一般情况下可省略剖切符号和图名的标注。因为大部分的投影是表达外形，且只是局部地表达内形，而且剖切位置都比较明显。

2) 波浪线要画在实体上。波浪线可看成是剖切形体裂痕的投影，是局部剖面图与视图分界的线，波浪线不能超出视图的轮廓线，也不能与视图其他图线重合或画在轮廓线的延长线上，遇孔、槽等空心结构时，也不能穿空而过，如图 8-14 所示。

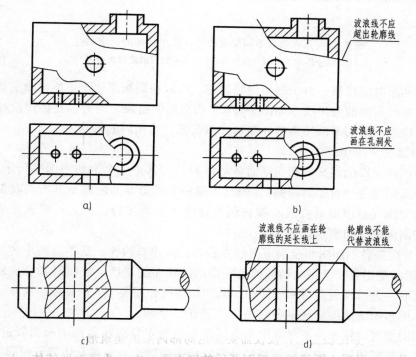

图 8-14　局部剖面图中波浪线的正确、错误画法
a) 正确　b) 错误　c) 正确　d) 错误

4. 阶梯剖面图

用两个或两个以上平行的剖切平面剖开形体后所得到的剖面图，称为阶梯剖面图。阶梯剖面图适用于一个剖切平面不能同时剖切到所要表达的几处内部构造的建筑形体。图8-10所示的房屋1-1剖面图即为阶梯剖面图。

图8-15a是一个组合体的视图表达。它采用了一个平面图和一个剖面图。这个组合体在前后不同层次上具有几个不同深度的长方体槽与孔。为了清晰地表达其内部形体，可以假想在平面图中的剖切符号所示的位置，用通过槽与孔的轴线的两个互相平行的正平面剖切这个组合体，再移去两个剖切平面之前的部分，将后面剩余的部分向V面投射，所得的1-1剖面图和平面图就能完整清晰地表达出这个组合体的内外形状。

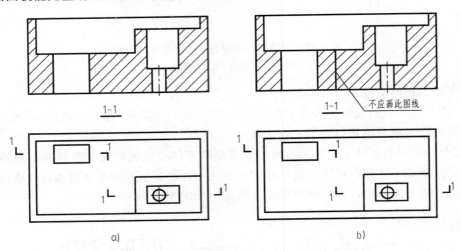

图8-15 具有前后不同层次的槽、孔组合体的视图表达

a）组合体的平面图与阶梯剖面图 b）错误的阶梯剖面图

画阶梯剖面图时应注意：由于剖切是假想的，所以在剖切图中，不能画出剖切平面所剖到的两个断面在转折处的分界线，如图8-15b中所指出的错误。同时，在标注阶梯剖面图的剖切符号时，应在两剖切平面转角的外侧加注与剖视符号相同的编号。

5. 旋转剖面图

采用两个或两个以上相交的剖切平面将形体剖开（其中一个剖切平面平行于一投影面，另一个剖切平面则与这个投影面倾斜），假想将倾斜于投影面的断面及其所关联部分的形体绕剖切平面的交线（投影面垂直线）旋转到与这个投影面平行，再进行投影，所得到的剖面图称为旋转剖面图，如图8-16所示。

图8-16a是用旋转剖面图和全剖面图的方法表达的建筑构件。从平面图中的剖切符号可看出：2-2剖面图是用相交于铅垂轴线的正平面和铅垂面剖切后，将倾斜部分旋转至与投影面平行的位置后再进行投射而得到的图像，其剖切情况如图8-16b的轴测图所示。按制图国家标准规定，所画的剖面图应在图名后加注"展开"字样。

画旋转剖面图时应注意：不可画出相交剖切面因剖切而出现的两个断面转折的分界线；在标注时，为了清晰明了，应在两剖切位置线的相交处加注与剖视剖切符号相同的编号。

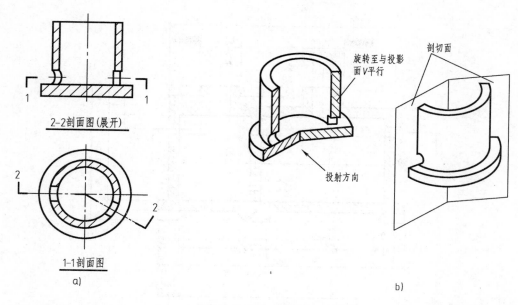

图 8-16　旋转剖面图

a）用旋转剖面图表达形体　b）旋转剖面图的形成

6. 分层剖切剖面图

对一些具有不同构造层次的工程建筑物，可按实际需要，用分层剖切的方法剖切，从而获得分层剖切剖面图。

图 8-17 所示是分层剖切图表示墙面的构造情况，图中用两条波浪线为界，分别把墙的三层构造表达清楚。在画分层剖面图时应按层次以波浪线将各层隔开，不需要标注剖切符号。

【例 8-1】　已知化污池的两面投影（图 8-18），试补绘其 W 面投影。

1. 读图步骤

（1）分析投影图。V 面投影采用全剖面，剖切平面通过该形体的前后对称中心面。H 面投影采用半剖面，从 V 面投影上所标注的剖切位置和名称可知，水平剖切平面通过小圆孔的中心轴线和方孔。

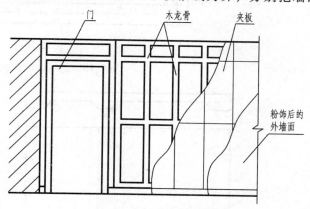

图 8-17　分层剖切剖面图

（2）形体分析。该形体由 4 个主要部分组成，自下而上依次为：

1）长方体底板。在长方体底板的下方近中间处有一个与底板相连的梯形断面，左右各有一个没有画上材料图例的梯形线框，它们与 H 面投影中的虚线线框各自对应。可知底板下近中间处有一个四棱柱加强肋，底板四角有 4 个四棱台的加强墩子，由于它们都在底板下，所以画成虚线，如图 8-19 所示。

2）长方形池身。底板上部有一箱形长方体池身，分隔为两个空间，构成两格的池子。

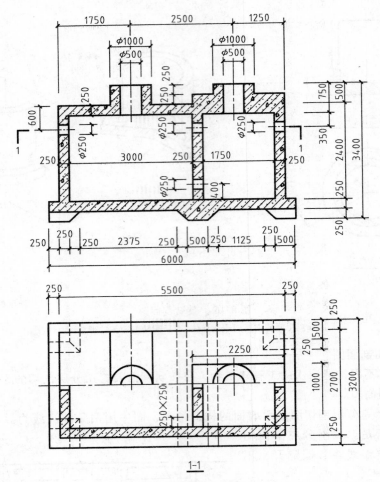

图 8-18　化污池的两面投影图

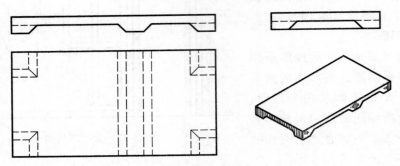

图 8-19　长方体底板

池身四周壁厚及隔板厚均为 250mm，左右壁上及横隔板上各有一个 ϕ250mm 小圆柱孔，该孔位于前后对称的中心线上，其轴线距池顶面高度为 600mm。横隔板的前后端，又有对称的两个方孔，其大小是 250mm×250mm，其高度与小圆柱孔相同。横隔板正中下方距底板面 400mm 处，还有一个 ϕ250mm 的小圆孔，如图 8-20 所示。

　　3）长方体池身顶面。顶面有两块四棱柱加强板，左边一块其大小是 1000mm×2700mm×

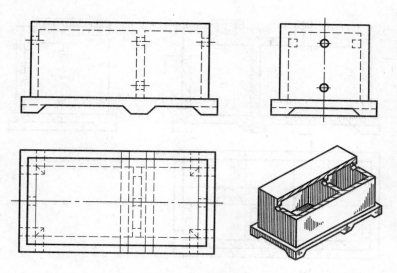

图 8-20　长方体池身

250mm，右边一块其大小是 2250mm × 1000mm × 250mm。

4）圆柱通孔：在两块加强板上方，各有一个 ϕ1000mm 的圆柱体，高 250mm，其中挖去一个 ϕ500mm 的圆柱通孔，孔深 750mm，与箱体内池身相通（图 8-21）。

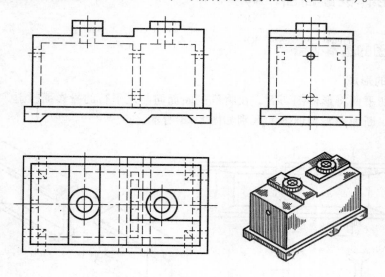

图 8-21　化污池的整体形状

（3）综合分析。把以上逐个分解开的形体综合起来，即可确定化污池的整体形体如图 8-21 所示。

2. 补绘 W 面投影

在形体分析过程中，自下而上逐个地补绘出各基本形体的 W 面投影，如图 8-17 ~ 图 8-21 所示。最后把 W 面投影画成半剖面图，剖切位置选择通过左边垂直圆柱孔的轴线。再向右投射时，即可反映出横隔板上的圆孔和方孔等的形状和位置，如图 8-22 所示。

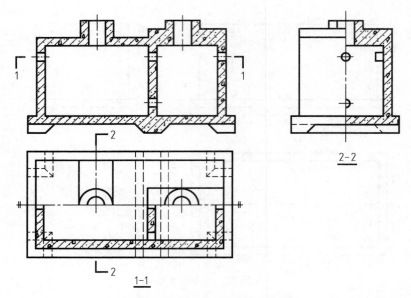

图 8-22　补绘出化污池的 W 面投影

8.3　建筑形体的断面图

8.3.1　断面图的基本概念

1. 断面图的形成

假想用剖切平面将形体剖切后，仅将剖到断面向与之平行的投影面投射，所得到的投影图称为断面图。断面图与剖面图的区别如图 8-23 所示。

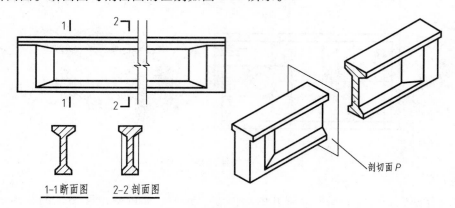

图 8-23　断面图与剖面图

断面图常用于表达建筑工程中梁、板、柱的某一部分的断面形状，也用于表达建筑形体的内部构造。断面图常与基本视图和剖面图互相配合，使建筑形体的图样表达更加完整、清晰和简明。

图 8-23 表达了 T 形梁被剖切平面 P 剖切后，分别用断面图和剖面图的表达方法。

对比 1-1 断面图和 2-2 剖面图的表达方法可知：方案一采用了 1-1 断面图和正立面图来表达 T 形梁；方案二则采用了 2-2 剖面图和正立面图来表达 T 形梁。对比之下，显然方案一要简明得多。

需要特别指出的是：断面图与剖面图有许多共同之处，如断面图和剖面图都是用剖切平面假想剖开形体后画出的；断面图和剖面图中的断面轮廓线都要按材料的不同绘出材料图例；断面图和剖面图都要注写剖切符号等。

2. 断面图与剖面图的区别

断面图只画出形体被剖切后截断面的形状，是面的投影。而剖面图除画出截断面的形状外，还应画出投射方向所能看到的部分，是体的投影，如图 8-23 所示的 2-2 剖面图。另外，断面图与剖面图的剖切符号也不相同，断面图剖切符号的剖切位置线只用一根长度 6～10mm 的粗实线绘制，编号写在投射方向的一侧。如图 8-23 的 1-1 断面图的剖切符号所表示的投射方向是由右向左的。

8.3.2 工程图中常用的断面图表达方法

1. 移出断面图

布置在形体投影图形以外的断面图称为移出断面图。移出断面图的轮廓线用粗实线绘制。移出断面图应尽量配置在剖切位置线的延长线上，必要时也可以将移出断面图配置在其他适当的位置，如图 8-24 所示。

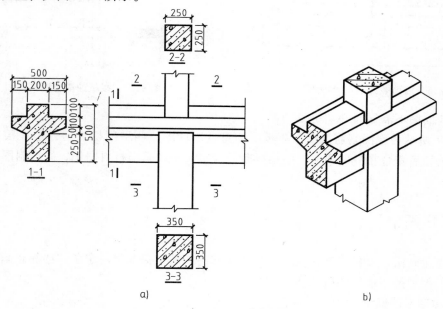

图 8-24 梁、柱的节点图

a）梁、柱节点的立面图和断面图 b）梁、柱节点轴测图

在移出断面图的下方正中，应注明与剖切符号相同编号的断面图的名称，如 1-1、2-2，可不必写"断面图"字样。

2. 中断断面图

有些构件较长且断面图形对称的，可以将断面图形状画在投影图的中断处。这种断面图称为中断断面图。中断断面图的轮廓线用粗实线绘制，投影图的中断处用波浪线或折断线绘制，如图 8-25 所示。用这种方法表达时不画剖切符号。

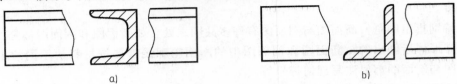

图 8-25　断面图画在杆件的中断处

3. 重合断面图

有些投影图为了便于读图，在不至于引起误解的情况下，也可以直接将断面图画在视图内，称为重合断面图。重合断面图的轮廓线用细实线画出，如图 8-26 所示。当投影图的轮廓线与断面图的轮廓线重叠时，投影图的轮廓线仍需要完整地画出，不可以间断。

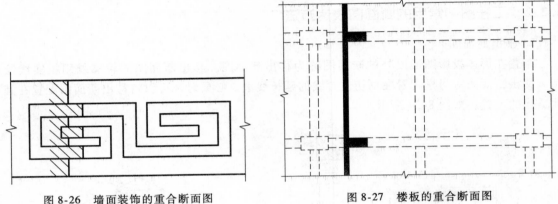

图 8-26　墙面装饰的重合断面图　　　　图 8-27　楼板的重合断面图

重合断面图不需标注剖切符号。

图 8-27 所示为现浇钢筋混凝土楼板层的重合断面图，侧平剖切面剖开楼板层得到的断面图，经旋转后重合在平面图上，因梁板断面较窄，不易画出材料图例，故按制图国家标准用涂黑表示。

8.4　简化画法

应用简化画法，可提高工作效率。除了建筑制图国家标准中规定了一些简化画法外，还有一些在工程制图中惯用的简化法。

1. 对称图形的画法

当构配件具有对称的投影时，可以以对称中心线为界只画出该图形的一半，并画出对称符号。对称符号用两平行细实线绘制，其长度以 2～3mm 为宜，平行线在对称线两侧的长度应相等，如图 8-28a 所示，也可画至超出图形的对称中心线为止，用折断线断开，此时可不画对称符号，如图 8-28c 所示。如果图形不仅左右对称，而且上下也对称，还可进一步简化，只画出该图形的 1/4，但此时要增加一条竖向对称中心线和相应的对称符号，如图8-28b 所示。

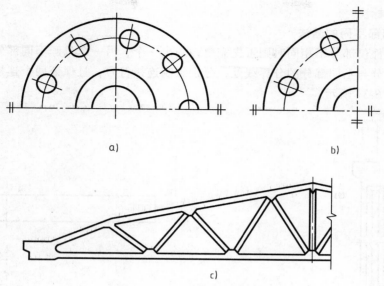

a)　　　　　　　b)

c)

图 8-28　对称图形的画法

2. 相同构造要素的画法

当构配件内有多个完全相同而且连续排列的构造要素时，可仅在两端或适当位置画出其完整形状，其余部分以中心线或中心线的交点表示（图 8-29）。如相同构造要素少于中心线交点，则其余部分应在相同构造要素位置的中心线交点处用小圆点表示，如图 8-29 d 所示。

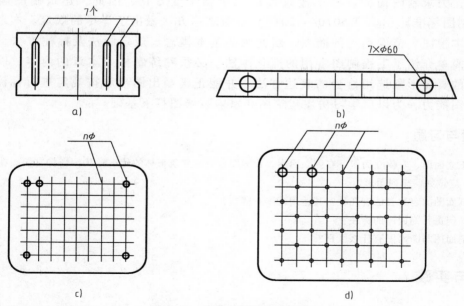

7个

7×ϕ60

$n\phi$

$n\phi$

a)　　　　　　　b)

c)　　　　　　　d)

图 8-29　相同要素的省略画法

3. 较长构件的画法

较长的构件如沿长度方向的形状相同，或按一定规律变化，可断开省略绘制，断开处应以折断线表示，如图 8-30 所示。应注意：用折断线省略画法在标注尺寸时，其尺寸数值应按真实的数值标注。

4. 构件局部不同的画法

当两个构件仅部分不相同时则可先完整地画出一个，另一个只画不同部分，但应在两个构件的相同部分与不同部分的分界线处，分别绘制连接符号，且保证两个连接符号对准在同一线上，如图 8-31 所示。

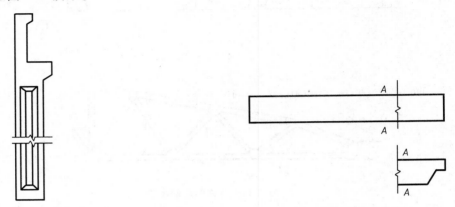

图 8-30　断开省略画法　　　　　图 8-31　构件局部不同的省略画法

本章小结

在工程上，对建筑图样的要求是：看图方便，并在完整清晰地表达形体内外结构的前提下，力求制图简便。由于建筑形体的形状千变万化，因此，建筑制图国家标准《建筑制图标准》（GB/T 50104—2010）中对表达方法做出了详尽的规定。本章主要介绍了基本视图、镜像图、剖面图、断面图的基本概念、规定画法及标注方法，在此基础上，简单介绍了工程制图常用的简化画法。必须熟练掌握好本章的内容，以便能根据形体的具体形象选用恰当的表达方法，并能正确画出图形和按规定进行标注，同时培养读图能力，为以后学习房屋建筑图和室内装修图打下基础。

思考题与习题

1. 正立面图、左侧立面图、右侧立面图、背面图各表达建筑形体的什么形状？当将它们画在同一张图纸上时，应该如何排列图形？
2. 剖面图的表达方法有几种？其适用范围有哪些？
3. 如何进行剖面图的标注？
4. 剖面图与断面图有什么区别？

实习与实践

经常注意观察周围的建筑物及构件，试选择恰当的表达方法将其内外结构形状都表示清楚。

第9章 建筑工程图的识读

学习目标：

1. 掌握房屋的组成和作用、房屋建筑工程的分类及制图有关标准和规定。
2. 掌握建筑施工图的组成、图示内容，并能熟练识读和绘制建筑施工图。
3. 掌握结构施工图的组成、图示内容和绘制结构施工图的标准，能熟练识读结构施工图。
4. 掌握水、暖、电施工图的组成、图示内容及识读方法。

学习重点：

1. 绘制房屋工程图的有关规定。
2. 建筑总平面图的识读。
3. 建筑平面图、立面图、剖面图和建筑详图的识读及画法。
4. 楼梯平面图、剖面图的识读和画法。
5. 结构施工图的制图规定。
6. 基础施工、结构平面图的识读。
7. 结构施工图的平面表示法。
8. 建筑水、暖、电工程图的识读。

学习建议：

1. 多观察周围建筑物，阅读一些实际的施工图，练习看图的方法与步骤。
2. 在看懂工程图的基础上，练习绘制施工图，绘图时注意从简到繁，切忌似懂非懂地抄绘图样。
3. 将绘图与识读紧密地联系起来，通过读图提高绘图速度，通过绘图提高读图能力。

9.1 概述

9.1.1 房屋的组成及其作用

房屋是供人们日常生产、生活或进行其他活动的主要场所。一幢房屋由基础、墙和柱、楼板层、室内地坪、楼梯、屋顶和门窗等组成，下面以图9-1为例，简要介绍房屋的组成和各部分的作用。

（1）基础。基础是建筑物埋在自然地面以下的部分，承受建筑物的全部荷载，并把这些荷载传给地基。

（2）墙和柱。墙和柱是建筑物竖直方向的承重构件，承受屋顶和楼板层传来的荷载，并将这些荷载及自重传给基础。墙也起围护和分隔作用。

（3）楼板层。楼板层是建筑物水平方向的承重构件，承受着作用在其上的荷载并将这部分荷载及自重传给墙或柱，同时还对墙体起着水平支撑作用，并将整个建筑物的垂直方向上分成若干层。

（4）室内地坪。室内地坪也叫地面，承受着家具、设备、人和本身自重，并通过垫层传给地基。

（5）楼梯。楼梯是楼房建筑的垂直交通设施，供人们日常上下楼层和紧急疏散时使用。

（6）屋顶。屋顶是建筑物顶部的围护和承重构件，除承受自重、积雪、风力荷载并将其传给墙或柱外，还具有防雨雪侵袭、太阳辐射、保温、隔热等作用。

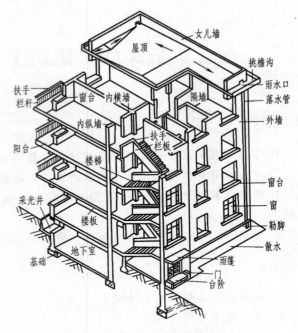

图9-1　民用建筑的组成

（7）门窗。门主要用作内外交通联系及分隔房间，有时也兼采光通风的作用；窗主要是采光和通风，也起围护和分隔作用。

除上述组成部分外，还有一些附属部分，如电梯、通风道、阳台、雨篷、台阶、散水、勒脚、天沟等。

9.1.2　房屋建筑工程图的分类

房屋建筑工程图是用正投影的方法把所设计房屋的大小、外部形状、内部布置和室内外装修、各部结构、构造、设备等的做法，按照建筑制图国家标准规定，用建筑专业的习惯画法详尽、准确地表达出来，并注写尺寸和文字说明，是指导房屋施工、设备安装的重要技术文件。建筑一幢房屋需要许多张工程图表达，这些工程图一般分为以下几种：

1）施工首页图（简称首页图）包括图样目录、设计总说明、工程做法、门窗设计表、标准图统计表。

2）建筑施工图（简称建施）是用来表达建筑的平面形状、内部布置、外部造型、构造做法、装修做法的图样，一般包括总平面图、平面图、立面图、剖面图和详图。

3）结构施工图（简称结施）是用来表达建筑的结构类型、结构构件的布置、形状、连接、大小及详细做法的图样，包括结构设计说明、结构布置平面图和各种结构构件的详图。

4）设备施工图（简称设施）是用来表达建筑工程各专业设备、管道及埋线的布置和安装要求的图样，包括给水、排水施工图（简称水施）、采暖通风施工图（简称暖施）、电气施工图（简称电施）等。它们一般都是由首页、平面图、系统图、详图等组成。

一套完整的房屋建筑工程图在装订时要按专业顺序排列，一般为首页、总平面图、建筑施工图、结构施工图、给水排水施工图、采暖施工图和电气施工图。

9.1.3 绘制房屋建筑工程图的有关规定

房屋建筑工程施工图的绘制应遵守《房屋建筑制图统一标准》（GB/T 50001—2010）、《建筑制图标准》（GB/T 50104—2010）及《总图制图标准》（GB/T 50103—2010）。

1. 定位轴线

定位轴线是用来确定建筑物主要结构构件位置的尺寸基线，在施工图中，凡是承重的墙、柱子、梁、屋架等主要承重构件，都要画出定位轴线来确定其位置，《房屋建筑制图统一标准》（GB/T 50001—2010）中对绘制定位轴线的具体规定如下：

1）定位轴线应用细点画线绘制。

2）定位轴线一般应编号，编号应注写在轴线端部的圆内，圆应用细实线绘制，直径为 8～10mm。定位轴线圆的圆心，应在定位轴线的延长线上或延长线的折线上。

3）平面图上定位轴线的编号，宜标注在图样的下方与左侧。横向编号应用阿拉伯数字，从左至右顺序编写，竖向编号应用大写拉丁字母，从下至上顺序编写，拉丁字母的 I、O、Z 不得用作轴线编号，如图 9-2 所示。

4）附加定位轴线的编号应以分数形式表示，并应按下列规定编写：

① 两根轴线间的附加轴线的编号，编号宜用阿拉伯数字顺序编写，如

$\frac{1}{2}$表示 2 号轴线之后附加的第一根轴线；

$\frac{3}{C}$表示 C 号轴线之后附加的第三根轴线。

② 1 号轴线或 A 号轴线之前的附加轴线的分母以 01 或 0A 表示，如

$\frac{1}{01}$表示 1 号轴线之前附加的第一根轴线；

$\frac{3}{0A}$表示 A 号轴线之前附加的第三根轴线。

5）一个详图适用于几根轴线时，应同时注明各有关轴线的编号，如图 9-3 所示。通用详图中的定位轴线，应只画圆，不注写轴线编号。

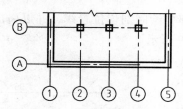

图 9-2 定位轴线的编号顺序

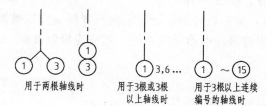

图 9-3 详图的轴线编号

2. 标高注法

建筑物各部分的高度要用标高来表示，图标中规定标高的标注法如下：

1）标高符号应以直角等腰三角形表示，如图 9-4a 所示形式用细实线绘制，如标注位置不够，也可按图 9-4b 所示形式绘制，标高符号的具体画法如图 9-4c、d 所示。

2）总平面图室外地坪标高符号，宜用涂黑的三角形表示，如图 9-5a、b 所示。

3）标高符号的尖端应指至被注高度的位置。尖端一般应向下，也可向上。标高数字应注写在标高符号的延长线一侧，如图 9-6 所示。

4）标高数字应以米为单位，注写到小数点以后第三位。在总平面图中，可注写到小数点以后第二位。零点标高应注写成 ±0.000，正数标高不注"＋"，负数标高应注"－"，例如 4.000、－0.500 等。在图样的

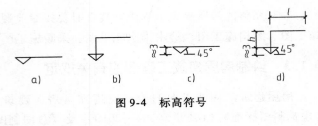

图9-4　标高符号

同一位置需表示多个不同标高时，标高数字可按图9-7所示的形式注写。

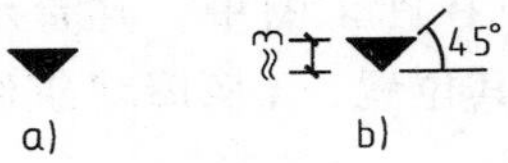

图9-5　总平面图室外地坪标高符号 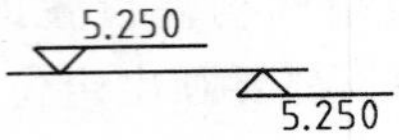　　图9-6　标高的指向 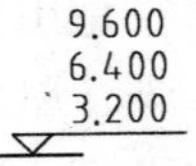　　图9-7　同一位置注写多个标高数字

5）房屋建筑工程施工图的标高有绝对标高和相对标高。绝对标高是指以青岛附近的黄海平均海平面为零点，以此为基准而设置的标高；相对标高的基准面是根据工程需要而选定的，一般通常取底层室内主要地面作为相对标高的基准面（即 ±0.000）。

3. 索引符号、详图符号及引出线

（1）索引符号。图样中的某一局部或构件，如需另见详图，应以索引符号索引，如图9-8a所示，索引符号是由直径为10mm的圆和水平直径组成，圆及水平直径均应以细实线绘制，索引符号应按下列规定编写。

1）索引出的详图，如与被索引的详图同在一张图样内，应在索引符号的上半圆中用阿拉伯数字注明该详图的编号，并在下半圆中间画一段水平细实线，如图9-8b所示。

2）索引出的详图，如与被索引的详图不在同一张图样内时，应在索引符号的上半圆中用阿拉伯数字注明该详图的编号，且在索引符号的下半圆中用阿拉伯数字注明该详图所在图样的编号，如图9-8c所示。数字较多时，可加文字标注。

3）索引出的详图，如采用标准图，应在索引符号水平直径的延长线上加注该标准图册的编号，如图9-8d所示。

4）索引符号如用于索引剖视详图，应在被剖切的部位绘制剖切位置线，并以引出线引出索引符号，引出线所在的一侧应为投射方向，如图9-9所示。

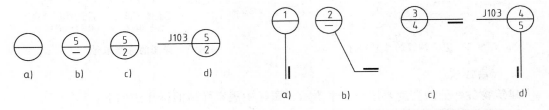

图9-8　索引符号　　　　　　　　　图9-9　用于索引剖面详图的索引符号

（2）详图符号。详图的位置和编号应以详图符号表示。详图符号的圆应以直径为14mm的粗实线绘制。详图应按下列规定编写：

1）详图与被索引的图样同在一张图样内时，应在详图符号内用阿拉伯数字注明详图的

编号，如图 9-10 所示。

2）详图与被索引的图样不在同一张图样内时，应用细实线在详图符号内画一水平直径，在上半圆中注明详图编号，在下半圆中注明被索引的图样的编号，如图 9-11 所示。

图 9-10　与被索引图样同在一张图样　　　图 9-11　与被索引图样不在同一张图
内的详图符号　　　　　　　　　样内的详图符号

（3）引出线。引出线是对图样某些部位引出文字说明、符号编号和尺寸标注等用的，其画法规定如下：

1）引出线应以细实线绘制，宜采用水平方向的直线，与水平方向成 30°、45°、60°、90°的直线，或经上述角度再折为水平线。文字说明宜注写在水平线的上方，也可注写在水平线的端部，索引详图的引出线应与水平直径线相连接，如图 9-12 所示。

2）同时引出几个相同部分的引出线，宜互相平行，也可画成集中于一点的放射线，如图 9-13 所示。

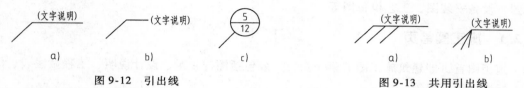

图 9-12　引出线　　　　　　　　　　图 9-13　共用引出线

3）多层构造或多层管道共用引出线，应通过被引出的各层。文字说明宜注写在水平线的上方，或注写在水平线的端部，说明的顺序应由下至上，并应与被说明的层次相互一致；如层次为横向排序，则由上至下的说明顺序应与由左至右的层次相互一致，如图 9-14 所示。

4. 其他符号

（1）对称符号由对称线和两端的两对平行线组成。对称线用细点画线绘制；平行线用细实线绘制，其长度宜为 6～10mm，每对的间距宜为 2～3mm。对称线垂直平分于两对平行线，两端超出平行线宜为 2～3mm，如图 9-15a 所示。

（2）连接符号应以折断线表示需连接的部位，两部位相距过远时，折断线两端靠图样一侧应标注大写拉丁字母以表示连接编号，两个被连接的图样必须用相同的字母编写，如图 9-15b 所示。

（3）指北针的形状如图 9-15c 所示，其圆的直径宜为 24mm，用细实线绘制，指针尾部的宽度宜为 3mm，指针头部应注"北"或"N"字。需用较大直径绘制指北针时，指针尾部宽度宜为直径的 1/8，如图 9-15c 所示。

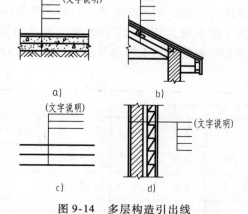

图 9-14　多层构造引出线

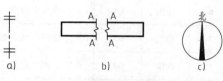

图 9-15　其他符号
a）对称符号　b）连接符号　c）指北针

9.2 建筑施工图

阅读建筑工程图应按顺序进行，通常的顺序如下：

1）首页图：包括图样目录、设计总说明、门窗表、标准图表等。

2）总平面图：包括地形地势特点、绝对标高、周围环境、坐标等。

3）建筑施工图：包括标题栏、平面形状及尺寸、内部组成。建筑施工图的顺序是底层平面图、标准层平面图、顶层平面图、正、背、侧立面图、剖面图及节点详图等，通过这部分图样的阅读应了解立面造型、装修、标高、细部构造、大小、材料等。

4）结构施工图：包括结构设计说明、材料标号及要求等。结构施工图的顺序是基础平面图、楼层结构平面图、屋顶结构平面图、楼梯结构图等，通过这部分图样的阅读应了解基础平面布置及基础与墙、柱轴线的相对位置关系，梁、板等布置，屋面结构布置，了解梁、板、柱、基础、楼梯的构造做法。

5）设备施工图：包括水、暖、电三个专业图，各专业图的顺序通常是平面布置图、系统图、设备安装图、工艺设备图等。

9.2.1 施工图首页

施工图首页即建筑施工图的第一页，一般包括图样目录、设计说明、工程做法表、门窗表、标准图统计表等。

1. 图样目录

图样目录是查阅图样的主要依据，包括图样的编号、图样的内容、图样的类别、图名及备注等栏目，如表 9-1 所示，从表中可以看出本套施工图共有 37 张。其中首页 2 张，建筑施工图 9 张，结构施工图 6 张，给水排水和采暖施工图 7 张，电气施工图 13 张，看图前应首先检查整套施工图与目录是否一致，以免造成不必要的麻烦。

表 9-1　图样目录

序　号	图　别	图　号	图　样　名　称	备　注
1	首页	01	图样目录　门窗统计表　标准图统计表	
2	首页	02	设计说明	
3	建施	01	一层平面图	
4	建施	02	二层平面图	
5	建施	03	三层平面图	
6	建施	04	屋顶排水平面图	
7	建施	05	南立面图　北立面图	
8	建施	06	西立面图　东立面图　1-1 剖面图	
9	建施	07	2-2、3-3 剖面图	

（续）

序 号	图 别	图 号	图 样 名 称	备 注
10	建施	08	楼梯平面大样图　卫生间大样图	
11	建施	09	楼梯剖面大样图　节点详图	
12	结施	01	结构设计总说明、图样目录、标准图集	
13	结施	02	基础平面布置图　柱配筋图	
14	结施	03	一层梁配筋图　一层板配筋图	
15	结施	04	二层梁配筋图　二层板配筋图	
16	结施	05	屋面梁配筋图　屋面板配筋图	
17	结施	06	楼梯配筋图	
18	首页	01	图样目录　标准图统计表　水暖设计说明	
19	水暖施	01	一层给水排水平面图	
20	水暖施	02	卫生间大样图、给水排水系统图	
21	水暖施	03	一层采暖平面图	
22	水暖施	04	二层采暖平面图	
23	水暖施	05	三层采暖平面图	
24	水暖施	06	图例　采暖系统图　散热器安装图	
25	电施	01	设计说明	
26	电施	02	主要设备材料表　供电系统图　图样目录	
27	电施	03	总等电位联结图　电干线平面图	
28	电施	04	一层插座平面图	
29	电施	05	二层插座平面图	
30	电施	06	三层插座平面图	
31	电施	07	一层照明平面图	
32	电施	08	二层照明平面图	
33	电施	09	三层照明平面图	
34	弱电施	01	有线电视　电话设计说明　有线电视　电话系统图　主要设备材料表	
35	弱电施	02	一层电话　有线电视布线平面图	
36	弱电施	03	二层电话　有线电视布线平面图	
37	弱电施	04	三层电话　有线电视布线平面图	

2. 设计说明

设计说明是施工图样的必要补充，主要是对图中未能表述清楚的内容加以详细地说明，通常包括工程概况、建筑设计的依据、构造要求以及对施工单位的要求等，下面是某办公楼的建筑设计说明。

设计说明：

一、设计依据

1）现行国家及地方有关建筑设计规范、规程和规定。

2）与本工程相关的批件、批文及设计合同。

3）经相关部门批准的本工程方案设计文件，建设单位提出的设计要求。

二、项目概况

1）建设地点：本工程位于某市，具体位置详见总平面图或规划总图，本设计为施工图设计阶段。

2）建筑面积：本工程总建筑面积为749.91m²，基底面积为249.97m²。

3）建筑层数、高度：三层，建筑主体高度12.050m。

4）设计内容：本工程为办公楼。

5）结构形式：本建筑结构形式为框架结构，建筑结构抗震设防的类别为丙类，正常使用年限为50年，抗震设防烈度为7度。

三、设计标高

1）本工程±0.000相当于绝对标高为32.500m。

2）各层标注标高为完成面标高，屋面标高为结构标高。

3）本工程总平面尺寸，标高以米为单位，其他尺寸以毫米为单位。

四、墙体工程

1）墙体的基础部分见结施图。

2）非承重的外围护墙采用MU5黏土空心砖，用M5混合砂浆砌筑；内隔墙采用MU3.5黏土空心砖，用M5混合砂浆砌筑，其构造和技术要求见结施说明，墙体厚度见建施图。

3）本工程严格执行国家有关部门禁止使用黏土实心砖的规定。女儿墙、室外地坪以下、洞口侧边、阴阳转角、附墙砖垛、使用非黏土实心砖砌筑。

4）墙身防潮层：所有内外墙均在室内地面以下60mm处做20mm厚1:2.5水泥砂浆内加水泥重量3%~5%防水剂的防潮层（在此标高处为钢筋混凝土构造或下部为砌体构造时可不做），当墙两侧地面标高不同时，应分别在各自地面以下约60mm处做防潮层，并在两道防潮层之间邻填土一侧墙面加做防潮层（做法同上）。

五、防水工程

卫生间：采用1.5mm厚沥青聚氨脂防水层，墙面翻起300mm高，门口处外延伸500mm，做0.5%坡，坡向地漏。

六、屋面工程

1）本工程的屋面防水等级为三级，防水层合理使用年限为10年，SBS弹性体沥青防水卷材。严格按《屋面工程技术规范》（GB 50345—2012）的规定施工。

2）屋面做法及屋面节点索引见建施屋面平面图，雨篷等见各层平面图及有关详图。

3）屋面排水组织见屋面平面图。

4）凡女儿墙、转折处以及其他阴阳角处等重点防水部位均应加铺卷材一层，宽度不小于500mm，其基层抹面做成钝角。

七、门窗工程

1）门窗玻璃的选用应遵照《建筑玻璃应用技术规程》（JGJ 113—2009）和《建筑安全玻璃管理规定》（发改运行［2003］2116号）及地方主管部门的有关规定。

2）门窗立面均表示洞口尺寸，外门窗加工尺寸按照装修面厚度实测核准后方可制作安装，室内门只预留洞口，不做框扇。

八、外装修工程

1）外装修设计和做法索引见立面图及外墙详图。

2）外装修选用的材料其材质、规格、颜色等，均由施工单位提供样板，经建设和设计单位确认后进行封样，并据此验收。

九、内装修工程

如无特殊注明各位置做法见室内装修及其构造一览表。

十、室外工程（室外设施）

雨棚、室外台阶、坡道、散水做法见建施图。

十一、建筑设备、设施工程

卫生洁具、成品隔断、厨房设备均为预留。

十二、节能设计

1）以《公共建筑节能设计标准》（DB 11/687—2009）为标准，计算保温形式为夹心墙保温。详见施工图样和节能计算书。

2）本工程采用保温材料：阻燃型（EPS）聚苯乙烯板，密度为18～20kg/m³，热导率为0.05W/(m·K)，氧指数不小于30%，强度等级为Ⅱ级，陈化期不少于42天，尺寸变化率不大于5%，吸水率不大于4%，水蒸气渗透系数不大于4.5%。

3）本工程体型系数为0.29，外墙平均传热系数0.45W/(m²·K)，屋顶传热系数0.45W/(m²·K)，门窗（单框双玻空隙16）传热系数2.6W/(m²·K)。外墙墙体材料见本图四2条，屋面保温材料见施工图。

4）一层室内地面下临外墙2000mm范围内填600mm厚干炉渣。

十三、其他施工中注意事项

1）建筑图样应与结构、给水排水、采暖通风、电气等专业图样配合使用，施工前应详细对照、校核无误后方可施工。

2）设计中选用的标准图和重复利用图不论选用局部节点或全部详图，均应按照各选用图的有关说明进行施工。

3）电表箱、下水管等预留孔洞均应按照结构、水、暖、电等各有关专业图样，在施工过程中密切配合，避免遗漏。

4）楼板留洞的封堵，待设备管线安装完毕后，用C20细石混凝土封堵密实，管道竖井层层进行封堵。

5）门过梁见结施图。

6）施工中应严格执行国家各项施工质量验收规范。

7）卫生间外墙保温室内一侧加隔气层。

3. 工程做法表

　　工程做法表主要是对建筑各部位构造做法用表格的形式加以详细说明。在表中对各施工部位的名称、做法等详细表达清楚，如采用标准图集中的做法，应注明所采用标准图集的代号，做法编号，如有改变，在备注中说明，见表9-2及表9-3。

表 9-2　室外装修及其构造一览表　　　　　　（单位：mm）

部位	装饰名称	厚度	构 造 做 法	附 注
外墙	丙烯酸弹性高级涂料墙面（砖墙）（三遍）	18	1）双组分聚氨酸罩面涂料一遍 2）丙烯酸弹性高级中层主涂料一遍 3）封底涂料一遍 4）6 厚 1:2.5 水泥砂浆找平扫毛或划出纹道 5）12 厚 1:3 水泥砂浆打底扫毛或划出纹道	
外墙	面砖墙面（砖墙）	29～33	1）1:1 水泥（或白水泥掺色）砂浆（细砂）勾缝 2）6～10 厚彩釉面砖（仿石砖、瓷质外墙砖、金属釉面砖）在砖粘贴面涂抹厚胶粘剂 3）6 厚 1:0.2:2.5 水泥石灰膏砂浆刮平扫毛或划出纹道 4）12 厚 1:3 水泥砂浆打底扫毛或划出纹道	1）面砖颜色见立面图

表 9-3　室内装修及其构造一览表

房间名称	部位	装饰名称	做 法	备 注
卫生间	楼地面	彩色釉面砖楼地面	辽 2004J301 第 27 项之 19、20	
	墙面	陶瓷砖墙面	辽 2005J401 第 20 项之内墙 33	
	顶棚	PVC 吊顶	辽 2005J401 第 29 项之顶棚 16	
楼梯间（门厅）	楼地面	磨光大理石板楼地面	辽 2004J301 第 35 项之 67、68	
	墙面	刮腻子喷涂墙面	辽 2005J401 第 13 项之内墙 1	
	顶棚	板底刮腻子喷涂顶棚	辽 2005J401 第 29 项之顶棚 1	
其他房间	楼地面	彩色釉面砖楼地面	辽 2004J301 第 27 项之 19、20	
	墙面	刮腻子喷涂墙面	辽 2005J401 第 13 项之内墙 1	
	顶棚	板底刮腻子喷涂顶棚	辽 2005J401 第 29 项之顶棚 1	
车库	地面	细石混凝土地面	辽 2004J301 第 7 项之 7	
	墙面	刮腻子喷涂墙面	辽 2005J401 第 13 项之内墙 1	
	顶棚	板底刮腻子喷涂顶棚	辽 2005J401 第 29 项之顶棚 1	

4. 门窗表

　　门窗表是对建筑物不同类型的门窗统计后列成的表格，以供各施工、预算需要，从表中可以看出，它反映门窗的类型大小，所选用的标准图集及其类型编号，如有特殊要求，应在各注中加以说明，见表9-4。

表9-4 门窗统计表 （单位：mm）

类型	编号	洞口尺寸		数量	图集名称	选用型号	备注
		宽	高				
窗	C—1	1500	2300	3	辽2001J709	参照 TSC-71	
窗	C—1′	1500	1700	10	辽2001J709	参照 TSC-25	
窗	C—2	1800	2300	4	辽2001J709	参照 TSC-71	
窗	C—2′	1800	1700	14	辽2001J709	参照 TSC-25	
窗	C—3	1200	2300	2	辽2001J709	参照 TSC-71	
窗	C—3′	1200	1700	4	辽2001J709	参照 TSC-25	
窗	C—4	1200	2000	1	辽2001J709	参照 TSC-71	
窗	C—4′	1200	1400	2	辽2001J709	参照 TSC-25	
窗	C—5	1700	2800	2	辽2001J709	参照 GSC-71	
门	M—1	2100	3200	2	辽97J703	参照 PSM111	
门	M—2	1800	3200	1	辽97J703	参照 PSM111	
门	M—3	1500	2100	5	辽2004J602	1521M1-1	
门	M—4	1000	2100	15	辽2004J602	1021M1-1	
门	M—4′	1000	2100	2		甲级防火门	
门	M—5	700	2100	4	辽2004J602	0721M1-1	
门	M—6	900	2400	9	辽2004J602	0924M1-2	
门	M—7	2700	3800	2		翻板门	

5. 标准图统计表

标准图统计表是把整套施工图中所选用过的标准图进行统计后列成的表格，以备施工、预算需要，它反映标准图的名称、页数等，见表9-5。

表9-5 标准图统计表

序号	类别	图集编号	图集名称	备注
1	省标	辽92J101（一）	室外工程 墙体构造	
2	省标	辽92J201	屋面构造	
3	省标	辽2004J602	常用木门	
4	省标	辽2001J709	PVC塑料门窗（欧美式（一））	
5	省标	辽2004J301	地面楼面工程	
6	省标	辽2005J401	室内装修	
7	省标	辽97J703	PVC塑料门窗（美式）	

9.2.2 总平面图

1. 总平面图的形成和作用

通常将新建工程四周一定范围内的新建、拟建、原有和拆除的建筑物、构筑物连同其周围的地形、地物状况用水平投影方法和相应的图例所画出的工程图样，叫总平面图。它主要反映新建工程的位置、平面形状、场地及建筑入口、朝向、标高、道路等布置及与周边环境的关系。它可以作为新建房屋施工定位、土方施工、设备管网平面布置的依据，也是室外水、暖、电管线等布置的依据。

2. 总平面图的图示内容

1）图名、比例及文字说明，因总平面图所反映的范围较大，比例通常为 1:500，1:1000 或 1:2000 等。总图中的尺寸（如标高、距离、坐标等）宜以米为单位。

2）熟悉总平面图的各种图例。总平面图的图例采用《总图制图标准》（GB/T 50103—2010）规定的图例，见表 9-6。

表 9-6　总平面图例

序 号	名 称	图 例	备 注
1	新建建筑物	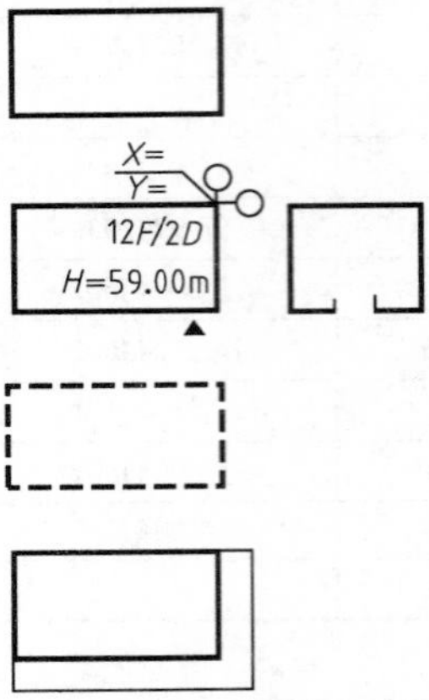 $X=$ $Y=$　12F/2D　$H=59.00m$	新建建筑物以粗实线表示，与室外地坪相接处 ±0.00 外墙定位轮廓线 建筑物一般以 ±0.00 高度处的外墙定位轴线交叉点坐标定位。轴线用细实线表示，并标明轴线号 根据不同设计阶段标注建筑编号，地上、地下层数，建筑高度，建筑出入口位置（两种表示方法均可，但同一图纸采用一种表示方法） 地下建筑物以粗虚线表示其轮廓 建筑上部（±0.00 以上）外挑建筑用细实线表示 建筑物上部连廊用细虚线表示并标注位置
2	原有建筑物		用细实线表示
3	计划扩建的预留地或建筑物		用中粗虚线表示
4	拆除的建筑物	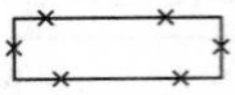	用细实线表示
5	建筑物下面的通道	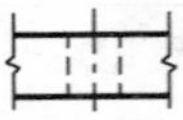	
6	散状材料露天堆场		需要时可注明材料名称
7	其他材料露天堆场或露天作业场		
8	铺砌场地	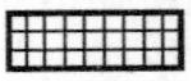	
9	敞棚或敞廊	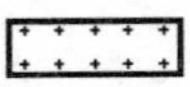	
10	高架式料仓	 	
11	漏斗式储仓		左、右图为底卸式 中图为侧卸式

（续）

序号	名　称	图　例	备　注
12	架空索道		"I"为支架位置
13	斜坡卷扬机道		
14	斜坡栈桥（皮带廊等）	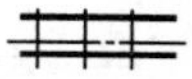	细实线表示支架中心线位置
15	坐标	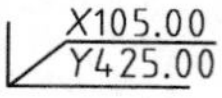 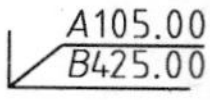 X105.00 / Y425.00 A105.00 / B425.00	上图表示测量坐标 下图表示建筑坐标
16	方格网交叉点标高	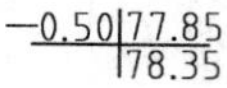 −0.50 77.85 | 78.35	"78.35"为原地面标高 "77.85"为设计标高 "−0.50"为施工高度 "−"表示挖方（"+"表示填方）
17	填方区、挖方区、未整平区及零点线	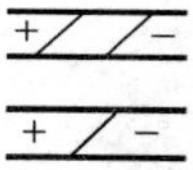 +　／　−　 +　／　−	"+"表示填方区 "−"表示挖方区 中间为未整平区 点划线为零点线
18	填挖边坡		1）边坡较长时，可在一端或两端局部表示
19	护坡		2）下边线为虚线时表示填方
20	分水脊线与谷线	  ←−· −·→	上图表示脊线 下图表示谷线
21	洪水淹没线		阴影部分表示淹没区（可在底图背面涂红）
22	地表排水方向		
23	截水沟或排水沟	 1 40.00	"1"表示1%的沟底纵向坡度，"40.00"表示变坡点间距离，箭头表示水流方向

　　3）了解新建房屋的平面位置、标高、层数及其外围尺寸等。在总平面图中新建建筑的定位方式有3种：第一种是利用新建建筑物和原有建筑物之间的距离定位；第二种是利用施工坐标确定新建建筑物的位置；第三种是利用新建建筑物与周围道路之间的距离确定其位置。新建房屋底层室内地面和室外整平地面都注明了绝对标高。

　　4）附近的地形、地物等。如道路、河流、小沟、池塘、土坡等。应注明道路的起点、变坡、转折点、终点以及道路中心线的标高、坡向的箭头。

　　5）指北针或风向频率玫瑰图。在总平面图中通常画有带指北针的风向频率玫瑰图（简称风玫瑰图）用来表示该地区常年的风向频率和房屋的朝向。风玫瑰图是根据当地多年平均统计的各个方向吹风次数的百分数，按一定比例绘制的，风的吹向是指从外吹向中心。实线表示全年风向频率，虚线表示夏季风向频率，按6、7、8三个月统计的风向频率。明确风向有助于建筑构造的选用及材料的堆放，如图9-16所示。

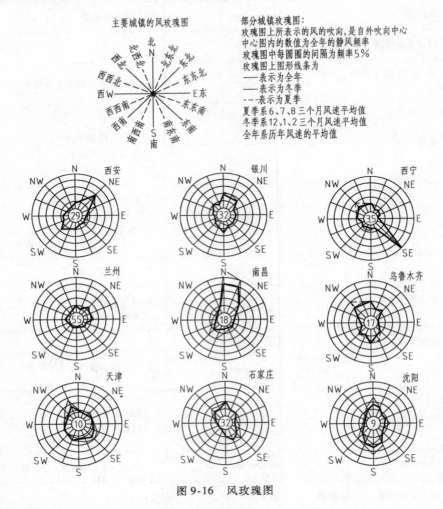

图 9-16　风玫瑰图

6）绿化规划、给水排水、采暖管道和电线布置。

3. 建筑总平面图的识读

现以图9-17某建筑总平面图为例，说明总平面图的识图。

1）了解图名、比例及文字说明，从图中可以看出这是某办公楼的总平面图，比例为1：500。

2）了解新建房屋的平面位置、标高、层数及其外围尺寸等。新建的办公楼位于厂区的北面，紧靠入口处，东邻农户，该办公楼总长和总宽分别为23.86m和12.80m，室内地坪标高±0.000处相对于绝对标高32.5m，层数为3层，外形为L形等。

3）了解新房屋的朝向和主要风向，通过该图的风向频率玫瑰图可知该办公楼为南北向，入口朝北，该地区的主导风向为北风。

4）了解地形、绿化和场地的布置情况，从各建筑的绝对标高看，厂区地势平坦，因此建筑物的±0.000处绝对标高相同，绿化较好，道路通畅。

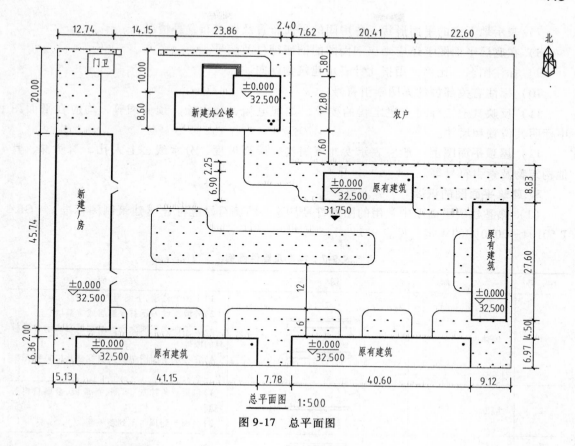

图 9-17　总平面图

9.2.3　建筑平面图

1. 建筑平面图的形成和作用

建筑平面图是用一个假想的水平剖切平面把建筑在门、窗洞口高度范围内水平切开，移去上面部分，剩余部分向水平面做正投影，所得的水平剖面图，称为建筑平面图，简称平面图。建筑平面图主要表示建筑的平面形状、内部布置及朝向，是施工过程中定位放线、砌筑墙体、安装门窗、室内装饰及编制预算的主要依据，也是进行结构和设备专业设计的依据。

2. 建筑平面图的图示内容

1）表示所有轴线及其编号。在建筑施工图中用轴线来确定房间的大小、走廊的宽窄和墙的位置，凡是主要的墙、柱、梁的位置都要用轴线来定位。

2）表示所有房间的名称及其门窗的位置、编号与大小。在建筑工程施工图中，门用代号"M"表示，窗用代号"C"表示。

3）标注室内外的有关尺寸及室内楼地面的标高。除建筑总平面图外，施工图中所标注的标高均为相对标高。

4）表示电梯、楼梯在建筑中的平面位置、开间和进深大小、楼梯的上下方向及上一层楼的步数。

5）表示阳台、雨篷、台阶、坡道、散水、排水沟、花池、通风道等位置及尺寸。

6）画出室内设备，如厨房设备、卫生器具、隔断及其他主要设备的位置、形状。

7）表示地下室的平面形状、各房间的平面布置及楼梯布置等情况。

8）在底层平面图上还应画出剖面图的剖切符号及编号。

9）标注图名、比例，用指北针表示建筑物朝向。

10）标注有关部位的详图索引符号。

11）反映其他工种对土建工程的要求，如配电箱、消火栓、预留洞等，均应在平面图中标明其位置和尺寸。

12）屋顶平面图上一般应表示女儿墙檐沟、屋面坡度、分水线、上人孔、消防梯、其他构筑物及索引符号等。

3．建筑平面图的识读

（1）熟悉建筑平面图中常用的图例符号，这些图例符号应符合《建筑制图标准》（GB/T 50104—2010）的规定，见表9-7。

表9-7　构造及配件图例

序　号	名　　称	图　　例	说　　明
1	墙体	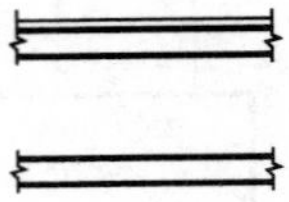	1）上图为外墙，下图为内墙 2）外墙细线表示有保温层或有幕墙 3）应加注文字或涂色或图案填充表示各种材料的墙体 4）在各层平面图中防火墙宜着重以特殊图案填充表示
2	隔断		1）包括板条抹灰、木制、石膏板、金属材料等隔断 2）适用于到顶与不到顶隔断
3	栏杆		
4	楼梯	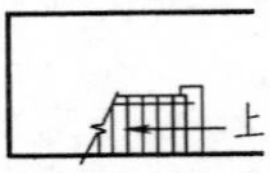 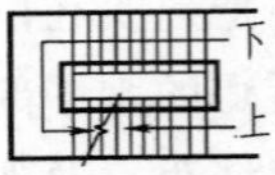 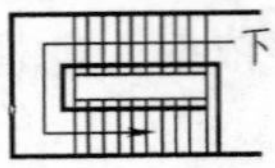	1）上图为底层楼梯平面，中图为中间层楼梯平面，下图为顶层楼梯平面 2）楼梯及栏杆扶手的形式和梯段踏步数应按实际情况绘制
5	坡道	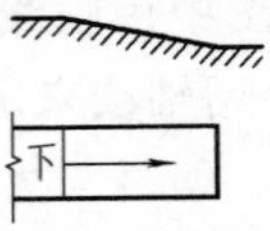 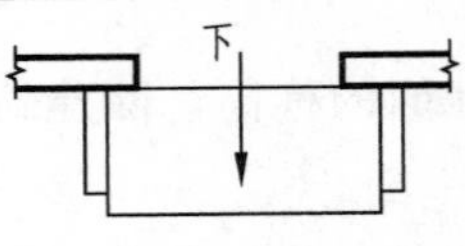 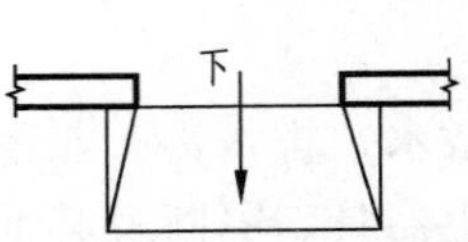	上图为长坡道，下图为门口坡道

（续）

序 号	名　称	图　例	说　明
6	平面高差	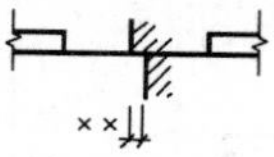	适用于高差小于 100mm 的两个地面或楼面相接处
7	检查孔	 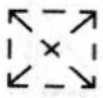	左图为可见检查孔 右图为不可见检查孔
8	孔洞		阴影部分可以涂色代替
9	坑槽		
10	墙预留洞	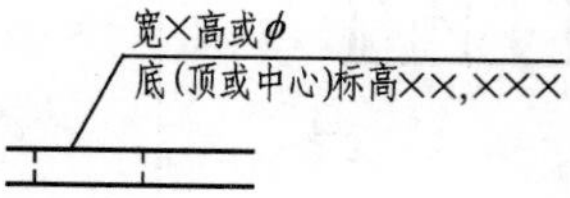 宽×高或 ϕ 底(顶或中心)标高××,×××	1)平面以洞(槽)中心定位 2)标高以洞(槽)底或中心定位 3)宜以涂色区别墙体和预留洞(槽)
11	墙预留槽	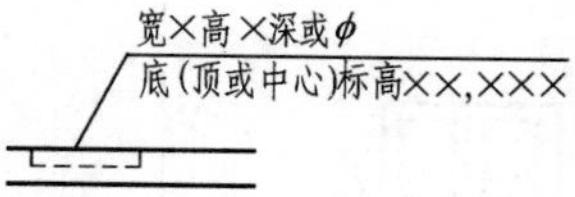 宽×高×深或 ϕ 底(顶或中心)标高××,×××	
12	烟道	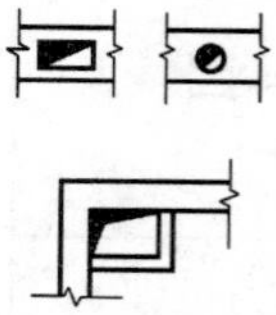	1)阴影部分可以涂色代替 2)烟道与墙体为同一材料,其相接处墙身线应断开
13	通风道	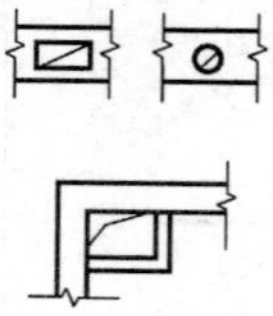	
14	单扇门（包括平开或单面弹簧）	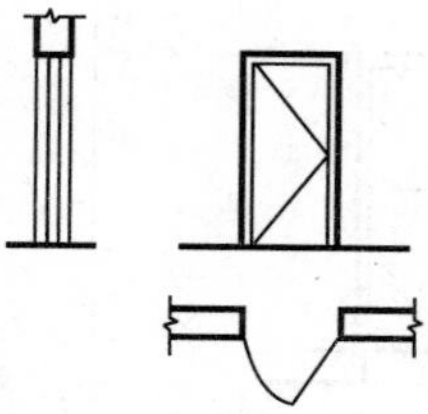	1)门的名称代号用 M 2)图例中剖面图左为外、右为内,平面图下为外、上为内 3)立面图上开启方向线交角的一侧为安装合页的一侧,实线为外开,虚线为内开 4)平面图上门线应以 90°或 45°开启,开启弧线宜绘出 5)立面图上的开启线在一般设计图中可不表示,在详图及室内设计图上应表示 6)立面形式应按实际情况绘制

(续)

序号	名称	图例	备注
15	双扇门（包括平开或单面弹簧）	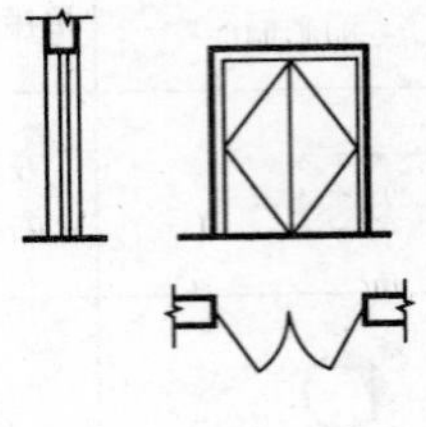	1）门的名称代号用 M 2）图例中剖面图左为外、右为内，平面图下为外、上为内 3）立面图上开启方向线交角的一侧为安装合页的一侧，实线为外开，虚线为内开 4）平面图上门线应以 90°或 45°开启，开启弧线宜绘出 5）立面图上的开启线在一般设计图中可不表示，在详图及室内设计图上应表示 6）立面形式应按实际情况绘制
16	对开折叠门	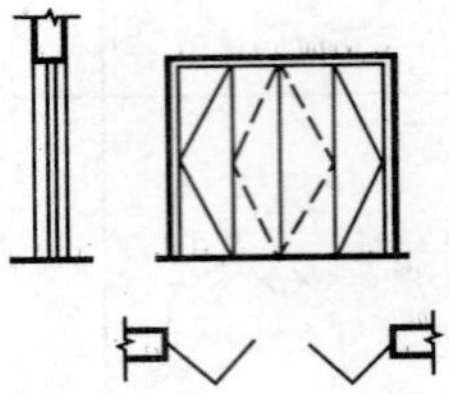	
17	推拉门	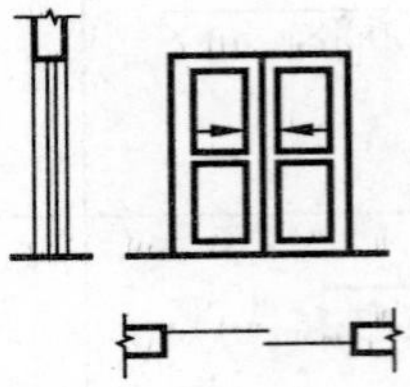	
18	墙洞外单扇推拉门	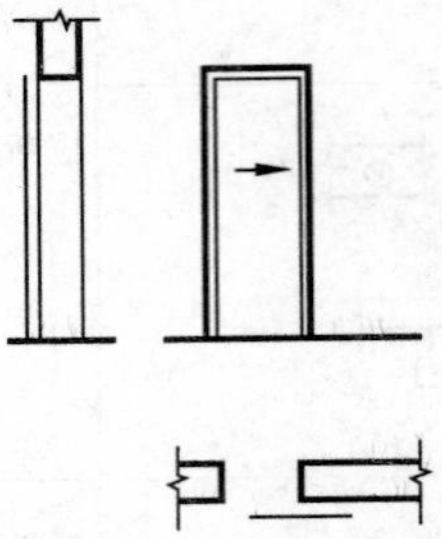	1）门的名称代号用 M 2）图例中剖面图左为外、右为内，平面图下为外、上为内 3）立面形式应按实际情况绘制
19	墙洞外双扇推拉门	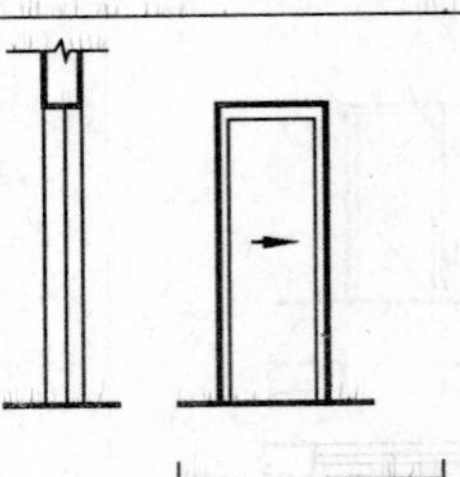	

（续）

序 号	名 称	图 例	备 注
20	墙中单扇推拉门	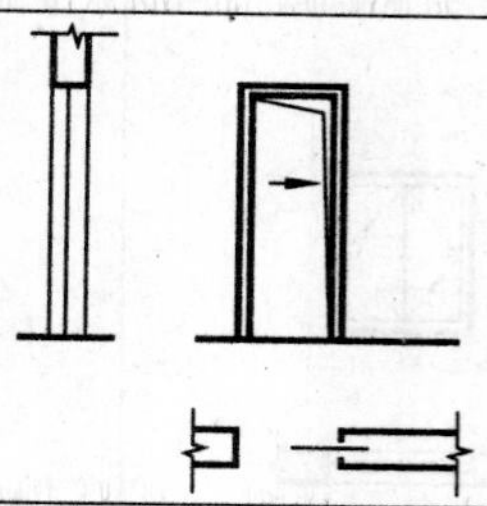	
21	墙中双扇推拉门	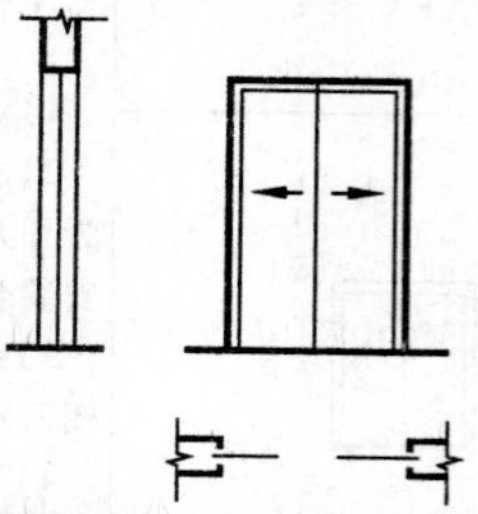	1）门的名称代号用 M 2）图例中剖面图左为外、右为内，平面图下为外、上为内 3）立面形式应按实际情况绘制
22	上悬窗	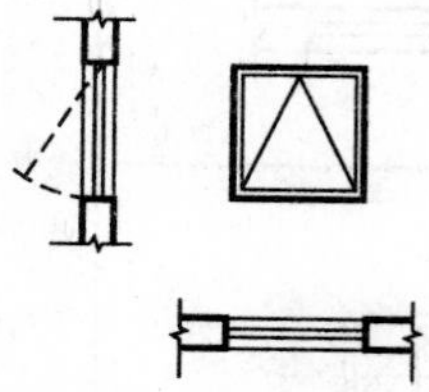	
23	中悬窗	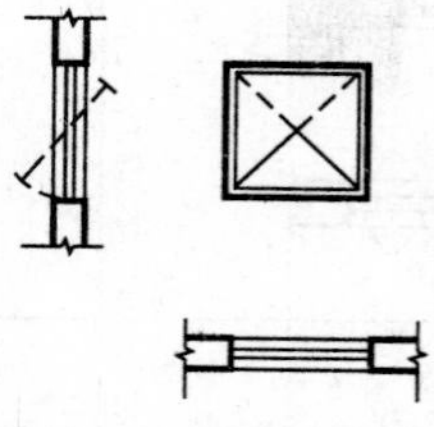	1）窗的名称代号用 C 表示 2）立面图中的斜线表示窗的开启方向，实线为外开，虚线为内开，开启方向线交角的一侧为安装合页的一侧，一般设计图中可不表示 3）图例中，剖面图所示左为外，右为内，平面图所示下为外，上为内
24	下悬窗	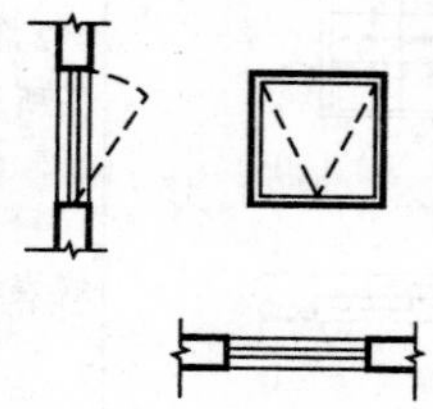	4）平面图和剖面图上的虚线仅说明开关方式，在设计图中不需表示 5）窗的立面形式应按实际绘制 6）小比例绘图时平、剖面的窗线可用单粗实线表示
25	立转窗	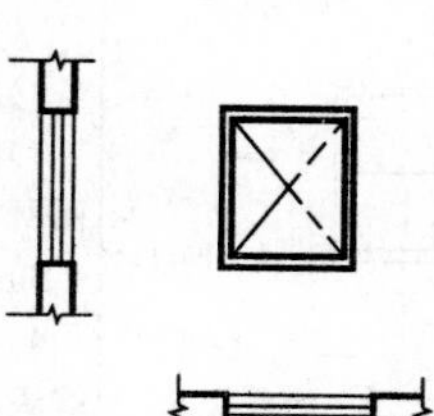	

（续）

序　号	名　称	图　例	备　注
26	单层外开平开窗		
27	单层内开平开窗	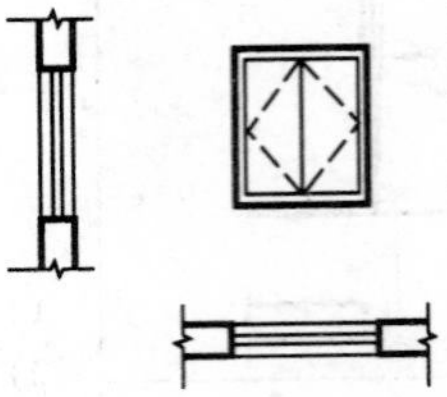	1）窗的名称代号用 C 表示 2）立面图中的斜线表示窗的开启方向，实线为外开，虚线为内开；开启方向线交角的一侧为安装合页的一侧，一般设计图中可不表示 3）图例中，剖面图所示左为外，右为内，平面图所示下为外，上为内 4）平面图和剖面图上的虚线仅说明开关方式，在设计图中不需表示 5）窗的立面形式应按实际绘制 6）小比例绘图时平、剖面的窗线可用单粗实线表示
28	双层内外开平开窗		
29	推拉窗	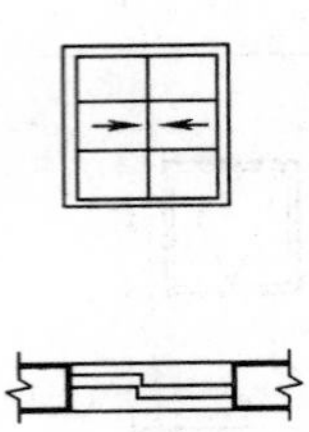	1）窗的名称代号用 C 表示 2）图例中，剖面图所示左为外，右为内，平面图所示下为外，上为内 3）窗的立面形式应按实际绘制 4）小比例绘图时平、剖面的窗线可用单粗实线表示
30	上推窗	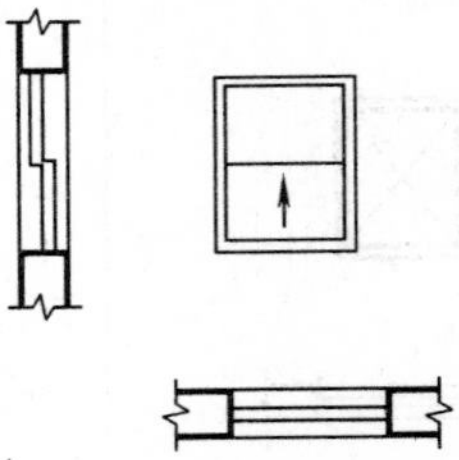	1）窗的名称代号用 C 表示 2）图例中，剖面图所示左为外，右为内，平面图所示下为外，上为内 3）窗的立面形式应按实际绘制 4）小比例绘图时平、剖面的窗线可用单粗实线表示

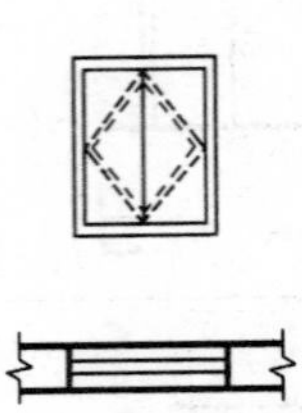

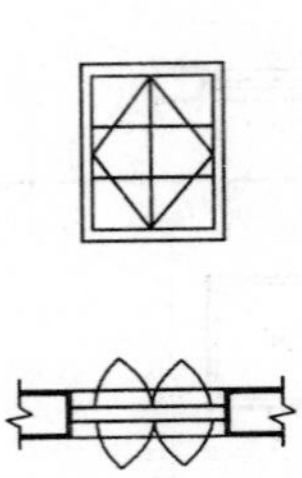

（续）

序 号	名 称	图 例	备 注
31	百叶窗	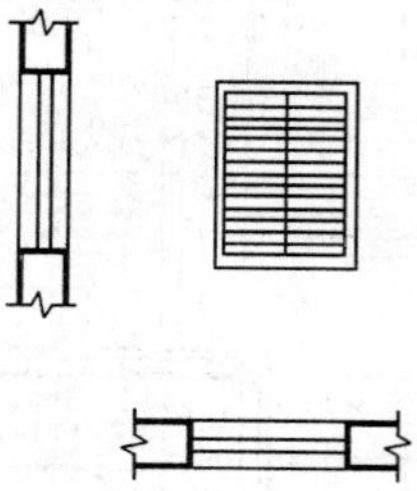	1）窗的名称代号用 C 表示 2）立面图中的斜线表示窗的开启方向，实线为外开，虚线为内开；开启方向线交角的一侧为安装合页的一侧，一般设计图中可不表示 3）图例中，剖面图所示左为外，右为内，平面图所示下为外，上为内 4）平面图和剖面图上的虚线仅说明开关方式，在设计图中不需表示 5）窗的立面形式应按实际绘制
32	高窗	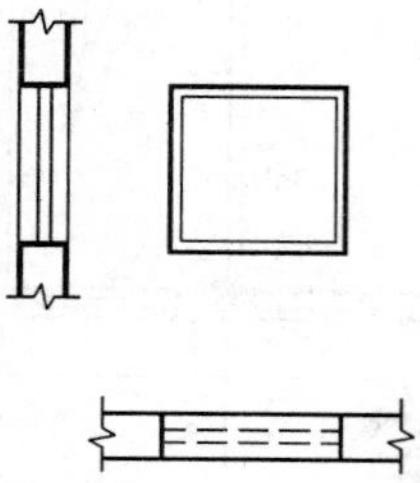 $h=$	1）窗的名称代号用 C 表示 2）立面图中的斜线表示窗的开启方向，实线为外开，虚线为内开；开启方向线交角的一侧为安装合页的一侧，一般设计图中可不表示 3）图例中，剖面图所示左为外，右为内，平面图所示下为外，上为内 4）平面图和剖面图上的虚线仅说明开关方式，在设计图中不需表示 5）窗的立面形式应按实际绘制 6）h 为窗底距本层楼地面的高度

（2）底层平面图的识读。以某单位办公楼一层平面图为例说明平面图的读图方法，如图 9-18 所示。

1）了解平面图的图名、比例。从图中可知该图为一层平面图，有时也可叫底层平面图，比例 1:100。

2）了解建筑的朝向，从图左下角的指北针符号可知该办公楼的朝向是南北向，主入口朝北。

3）了解建筑的结构形式，从图中可知该建筑为框架结构。

4）了解建筑的平面布置。该办公楼横向定位轴线有 5 根，在③轴线后还有一根附加轴线⅓，纵向定位轴线 3 根，在Ⓐ轴线后有两根附加轴线⅓Ⓐ和⅔Ⓐ。本层主要功能是会议室、办公室和车库，该楼南北向均有出入口，设有一部楼梯和一个卫生间。

5）了解建筑平面图上的尺寸。

建筑平面图上标注的尺寸均为未经装饰的结构表面尺寸。由于建筑平面图中尺寸标注比较多，一般分为外部尺寸和内部尺寸。

① 外部尺寸：

为了便于读图和施工，外部尺寸一般在图形的下方及左侧注写三道尺寸，这三道尺寸从

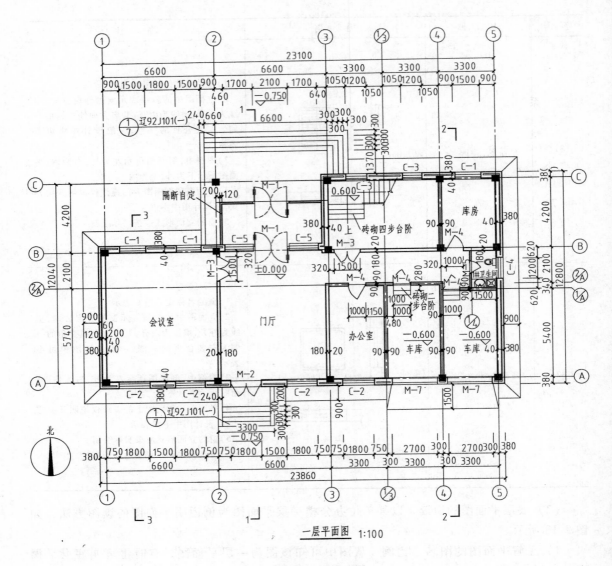

图 9-18　一层平面图

里往外分别是：

第一道尺寸：表示建筑外墙上各细部的位置及大小，如门窗洞宽和位置、墙柱的大小和位置，窗间墙宽度等。这道尺寸一般与轴线联系，这样，便于确定窗洞口的大小和位置，从图中可知窗 C—1、C—2、C—3、C—4 的洞口宽度分别为 1500mm、1800mm、1200mm、1200mm，门 M—1、M—7 的洞口宽度分别为 2100mm 和 2700mm。

第二道尺寸：表示定位轴线之间的尺寸，称为轴线尺寸，用以说明房间的开间及进深尺寸。通常称相邻横向定位轴线之间的尺寸称为开间，相邻纵向定位轴线之间的尺寸称为进深。从图中可知会议室开间为 6600mm、进深为 7840mm，北面库房开间为 3300mm、进深为 4200mm 等。

第三道尺寸：表示外轮廓的总尺寸，指从一端外墙边到另一端外墙边的总长和总宽尺寸，从图中可知总长为23860mm、总宽为12800mm，通过这道尺寸可以计算出新建房屋的占地面积。

② 内部尺寸：

一般用一道尺寸线表示出墙厚、墙与轴线的关系、房间的净长、净宽以及内墙门窗及轴线的关系等细部尺寸。

6）了解建筑中各组成部分的标高。包括室内外地坪、楼面、楼梯平台、阳台地面等处，都分别注明标高，这些标高均采用相对标高（小数点后保留3位小数）。图9-18所示室内地坪标高为±0.000，室外地坪标高为-0.750m，南面车库地坪标高为-0.600m等。

7）了解门窗的位置及编号。为了便于读图，窗、门都加编号以便区分。在读图时应注意每种类型门窗的位置、形式、大小和编号，并与门窗表对应，了解门窗采用标准图集的代号，门窗型号和是否有备注。从本套施工图的门窗统计表中可知此办公楼窗有9种类型，门有8种类型。

8）了解建筑剖面图的剖切位置、索引标志。底层平面图中还要表示建筑剖面图的剖切位置和编号。如1-1剖切符号，表示剖切位置在②轴线和③轴线间，并剖切到M—1和M—2门，剖面图类型为全剖面图，剖视方向向左，这套施工图中有三个全剖面图。细部做法应另有详图或采用标准图集的做法。在平面图中标注索引符号，注明该部位所采用的标准图集的代号、页码和图号，以便施工人员查阅标准图集，方便施工，如图9-18所示台阶处的索引符号，表示台阶做法采用标准图集辽92J101（一）的做法。

9）了解各专业设备的布置。建筑物内还有很多设备如卫生间的坐便器、洗面盆等，读图时应注意其位置、形式及相应尺寸。如图9-18所示1#卫生间内有坐便器、洗面盆和水槽，由于平面图比例小，具体位置见详图。

（3）其他楼层平面图的识读。除一层平面图外，在多层或高层建筑中一般还有标准层平面图、顶层平面图；标准层平面图和顶层平面图所表示的内容与一层平面图大同小异，区别是已在一层平面图上表示过的内容不再表示，如标准层平面图上不再画散水、明沟、室外台阶等，顶层平面图上不再画标准层平面图上表示过的雨篷等。识读标准层平面图时，重点应与底层平面图对照异同，如平面布置如何变化，墙体厚度有无变化，楼面标高的变化，楼梯图例的变化，门窗有无变化等，如图9-19、图9-20所示。

从图中可知门厅部分两层以上均为办公室，所以在②轴线后增加一根附加轴线⑫表示隔墙的位置，一层层高为3.9m，二层层高为3.3m，三层（顶层）在西北角增设一个卫生间，③~④轴线变成大会议室等。

（4）屋顶平面图的识读。屋顶平面图是在房屋的上方，向下作屋顶外形的水平投影而得到的投影图。用它表示屋顶情况，如屋面排水的方向、坡度、雨水管的位置、上人孔及其他建筑配件的位置等，如图9-21所示，从图中可以看出，该屋顶为平屋顶，排水坡度为3%，排水方式为有组织外排水，在靠近北侧③轴线附近有一上人孔，做法见标准图集辽92J201第30页的第一个图样，顶层板顶标高为10.500m，女儿墙厚为240mm等。

122

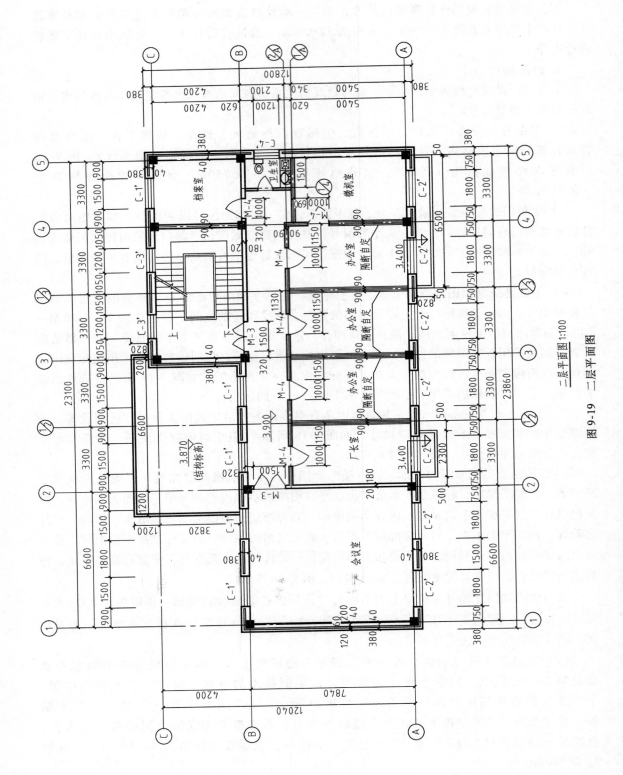

二层平面图 1:100

图 9-19　二层平面图

123

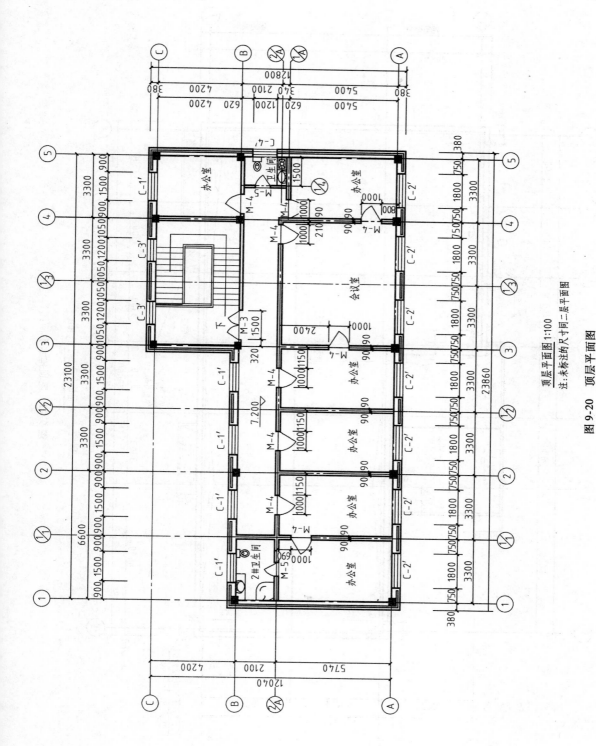

顶层平面图 1:100

注:未标注的尺寸同二层平面图

图 9-20　顶层平面图

124

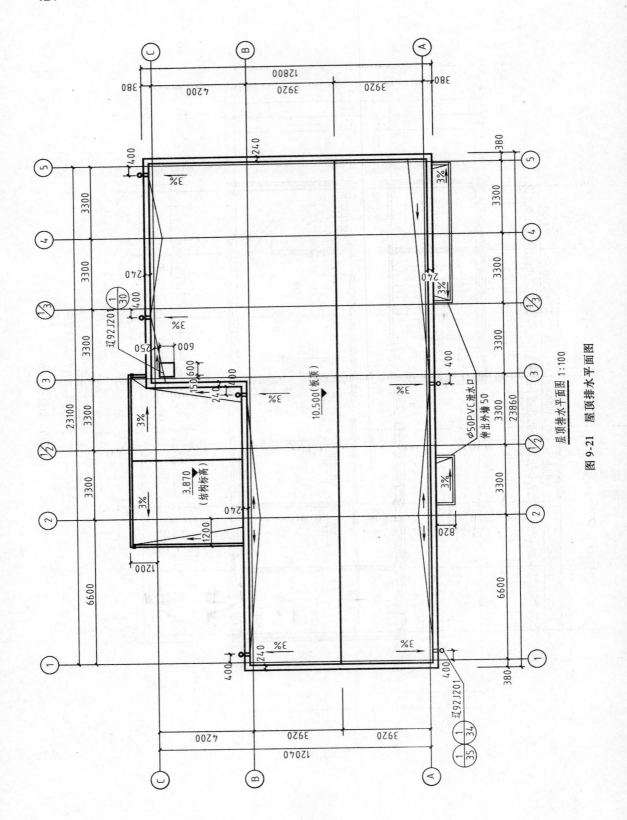

屋顶排水平面图 1:100

图 9-21　屋顶排水平面图

9.2.4 建筑立面图

1. 建筑立面图的形成和作用

在与房屋立面平行的投影面上所作的正投影图，称为建筑立面图，简称立面图。它主要反映房屋的外貌、各部分配件的形状和相互关系以及立面装修做法等。它是建筑及装饰施工的重要图样。因每幢建筑的立面不只一个，所以每个立面都应有名称，通常立面图的命名方式有以下 3 种：①用建筑平面图中的首尾轴线命名，按照观察者面向建筑物从左到右的轴线顺序命名，如①～⑤轴线立面图、⑤～①轴线立面图、Ⓐ～Ⓒ轴线立面图等；②按外貌特征命名，将反映建筑物主要出入口或比较显著地反映外貌特征的那一面称为正立面图，其余立面图依次为背立面图、左立面图和右立面图；③按建筑的朝向来命名，南立面图、北立面图、东立面图、西立面图，如图 9-22 所示。

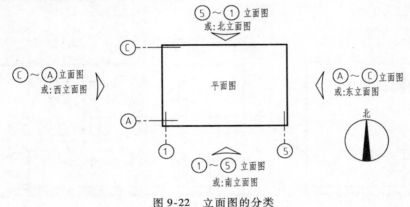

图 9-22 立面图的分类

2. 建筑立面图的图示内容

1）表明建筑物外部形状，如从建筑物外可以看见的勒脚、台阶、门、窗、阳台、雨水管、墙面分格线等。

2）标出建筑物立面上的主要标高，如内外地面标高、各层楼面标高、各层门窗洞口标高、勒角标高等。

3）注出建筑物两端的定位轴线及其编号。

4）注出图名和比例。

5）用文字说明外墙面装修的材料及其做法。

3. 建筑立面图的识读

下面以图 9-23 为例，了解建筑立面图的识读方法。

1）了解图名、比例，该立面图的图名为南立面图、北立面图、东立面图、西立面图，比例 1:100，通常情况下，为了绘图方便，立面图的比例与平面图的比例相同。

2）了解建筑的外貌形状，并通过与平面图对照深入了解屋面、雨篷、台阶等细部形状及位置。从图中可知，该办公楼为三层，屋面为平屋顶，外墙四周设有女儿墙，室外与室内用五步台阶相连。

3）了解建筑的高度，从东立面图中可以了解东侧窗台的标高分别为 1.200m、5.100m、8.400m，窗高分别为 2000mm、1400mm、1400mm，勒脚高度为 750mm。

4）了解入口位置，门窗的形式、位置及数量，该建筑北入口为主要入口，南入口为次

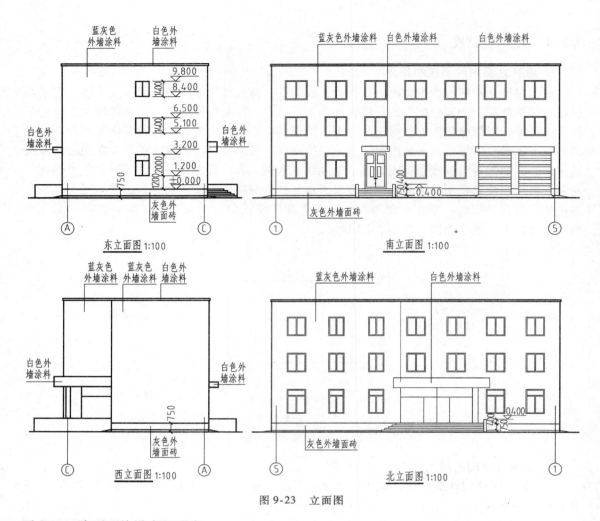

图 9-23　立面图

要入口，除西面均设有矩形窗。

5）了解建筑物的外装修，该建筑外立面主要是蓝灰色外墙涂料，雨篷和女儿墙压顶为白色外墙涂料，勒脚为灰色外墙面砖等。

9.2.5　建筑剖面图

1. 建筑剖面图的形成和作用

假想用一个或几个铅垂剖切平面剖切建筑物，移去剖切平面与观察者之间的部分，将剩下部分按正投影的原理投射到与剖切平面平行的投影面上，得到的图称为剖面图。建筑剖面图用以表示建筑内部的结构构造，垂直方向的分层情况，各层楼地面、屋顶的构造及相关尺寸、标高等。剖面图的剖切位置和数量应根据建筑物自身的复杂情况而定，一般剖切位置选择能反映全貌、构造特征以及有代表性的部位，如楼梯间等，并应尽量使剖切平面通过门窗洞口。剖切图的图名应与建筑一层平面图的剖切符号一致。

2. 建筑剖面图的图示内容

1）标出被剖切到的墙、梁、柱及其定位轴线。

2）表示一层地面、各层楼面、屋顶、门窗、楼梯、阳台、雨篷、防潮层、踢脚板、室外地面、散水、明沟及室内外装修等剖切到和可见的内容。

3）标注尺寸和标高。一般剖面图应标注被剖切到的外墙门窗口的标高，室外地面的标高，室内地面的标高，檐口、女儿墙顶标高和各层楼地面的标高，应标注门窗洞口高度、层间高度尺寸，室内还应注出看到的门窗洞口的高度。

4）表示楼地面、屋面、散水各层构造。一般用引出线说明楼地面、屋面、散水、坡道的构造做法，如果另画详图或已有说明，则在剖面图中用索引符号引出说明。

3. 建筑剖面图的识读

图 9-24 为某办公楼的 1-1 剖面图，说明剖面图的识读方法。

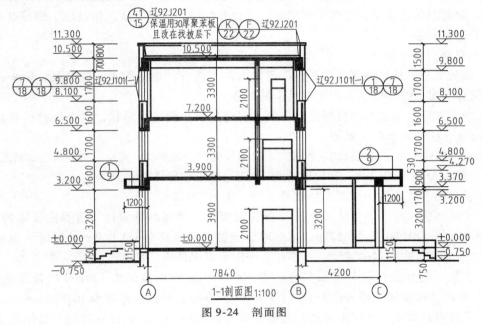

图 9-24 剖面图

1）了解图名、比例和剖切位置。从一层平面图上的剖切符号可知 1-1 剖面剖切位置是②~③轴线之间，剖切到了主要入口门厅和次要入口，剖切后从左向右看，比例 1:100，与平面图相同。

2）了解被剖切到的墙体、楼板和屋面。从图中看到，被剖切到的墙体有Ⓐ轴线墙体，Ⓑ轴墙体和②/Ⓐ墙体，还剖切到主入口、次入口、雨篷、楼板、屋面和室外台阶等。

3）了解剖面图上的尺寸，从图中可知两入口门的高度均为 3.2m，室内外高差为750mm，一层层高为 3.9m，二、三层层高为 3.3m，标高分别为 3.9m 和 7.2m，屋面结构标高为 10.5m，女儿墙顶标高为 11.3m，室内看见的门高度均为 2.1m，窗高为 1.7m 等。

4）了解详图索引符号的位置和编号。此图屋面、雨篷、窗台、檐口等均有详图索引。主入口处雨篷的做法见建筑施工图第 9 页第二个节点详图，次入口处雨篷的做法见建筑施工图第 9 页第一个节点详图，屋面见辽 92J201，窗台及窗上口见辽 92J101（一）等。

9.2.6 建筑详图

详图是剖面图的局部放大图样，建筑平面图、立面图、剖面图表达建筑的平面布置、外部形状和主要尺寸，但因比例小，对建筑细部构造难以表达清楚，为了满足施工要求，对建筑的细部构造用较大的比例详细地表达出来，这样的图称为建筑详图，有时也叫放大样图。详图的特点是比例大，反映的内容详尽，常用的比例有 1:50、1:20、1:10、1:5、1:2、1:1 等，建筑详图一般有局部构造详图（如楼梯详图、墙身详图等）、构件详图（如门窗详图、雨篷详图等）和装饰构造详图（如门窗套装饰构造详图等）3 类。

1. 外墙身详图

（1）外墙身详图的形成和作用。外墙身详图的剖切位置一般在门窗洞口部位，按 1:20 或 1:10 的比例绘制。外墙身详图主要表示地面、楼面、屋面与墙体的关系，同时也表示散水、勒脚、窗台、檐口、女儿墙、天沟、排水口、雨水管的位置及构造做法，外墙身详图与平、立、剖面图配合使用，是施工中砌墙、室内外装修、门窗安装、编制施工预算以及材料估算等的重要依据。

（2）外墙身详图的内容。

1）墙脚部分。外墙墙脚主要是指一层窗台以下部分，包括散水、防潮层、勒脚、一层地面、踢脚等部分的形状、大小、材料及其构造。

2）中间部分。主要包括楼板层、窗台、门窗过梁、圈梁的形状、大小、材料及其构造情况，楼板、柱与外墙的关系等。

3）檐口部分。应表示出屋面、檐口、女儿墙及天沟等的形状、大小、材料及构造情况。

（3）外墙身详图的识读。现以图 9-25 为例，说明墙身详图的识读。

1）了解图名、比例，该图为外墙身详图，比例为 1:20。

2）了解墙脚构造，该建筑采用 EPS 外保温墙体，外保温墙常用于有保温要求的地方，保温层的厚度按设计确定，底部勒脚用外墙面砖做成，在墙身 −0.060m 处设置了墙身防潮层，散水、地面，防潮层的做法一般放在工程做法表中具体反映。

3）了解中间节点。从图可知窗台高为 900mm，窗台板挑出墙 120mm 准备安装暖气，楼板与过梁浇注成整体，楼板标高为 3.600m 和 7.200m，屋顶板标高为 10.800m。

4）了解檐口部位，从图中可知女儿墙体高度为 500mm，上面设有压顶，具体做法和屋面的构造层次可见总设计说明。

2. 楼梯详图

楼梯详图包括楼梯平面图、楼梯剖面图和楼梯节点详图 3 部分。

（1）楼梯平面图。

1）楼梯平面图的形成和作用。楼梯平面图是用一个假想的水平剖切面，在每层向上的第一个梯段的中部剖切开，移去剖切平面以上部分，将余下的部分作正投影所得到的投影图，称为楼梯平面图，比例通常为 1:50。楼梯平面图一般分层绘制，一层平面图是剖在上行的第一层上，中间相同的几层楼梯同建筑平面图一样可用一个图来表示，这个图称为标准层平面图，最上面一层平面图称为顶层平面图。

2）楼梯平面图表达的内容。

① 楼梯间的位置。

② 楼梯间的开间、进深、墙体的厚度。

③ 梯段的长度、宽度以及楼梯段上踏步的宽度和数量。

④ 休息平台的形状、大小和位置。

⑤ 楼梯井的宽度。

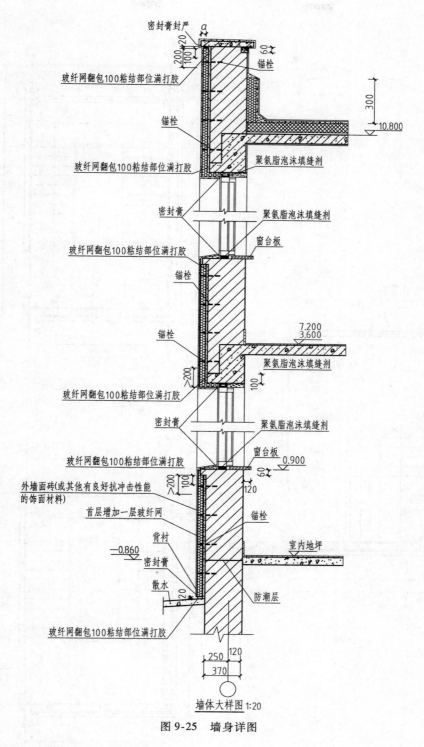

图 9-25　墙身详图

⑥ 各楼层的标高、各平台的标高。

⑦ 标注楼梯剖面图的剖切位置及符号。

3）楼梯平面图的识读。图 9-26 是某办公楼楼梯平面图，说明其识读方法。

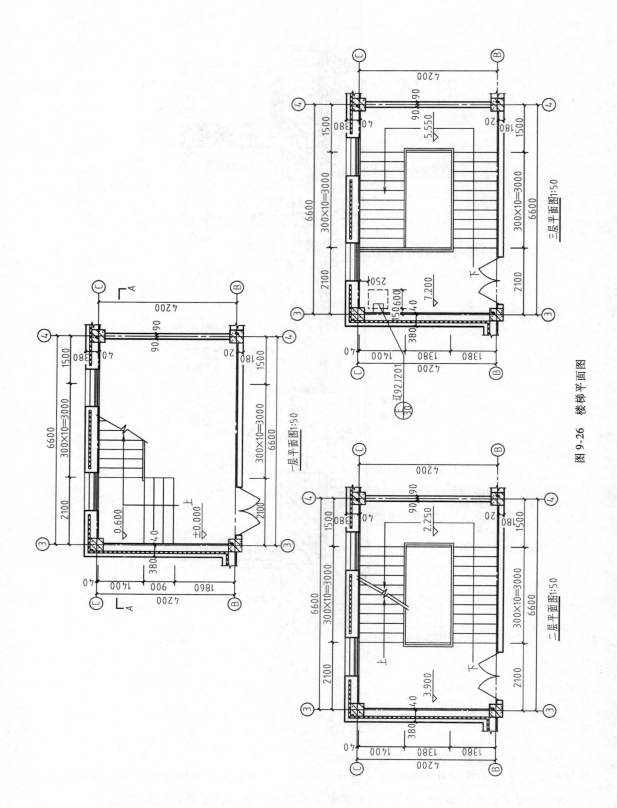

图 9-26 楼梯平面图

① 了解楼梯在建筑平面图中的位置及有关轴线的布置。从图中可知此楼梯位于横向③~④轴线和纵向Ⓑ~Ⓒ轴线之间。

② 了解楼梯间、梯段、梯井、休息平台等处的平面形式和尺寸以及楼梯踏步的宽度和踏步数。该楼梯间平面为矩形，其开间尺寸为4200mm，进深尺寸为6600mm，踏步宽为300mm，标准层（二层）为平行双跑楼梯、踏步数为22级，一层层高为3.900m，所以设计成三跑楼梯，踏步数为26级。

③ 了解楼梯的走向及上、下起步的位置。由一层楼梯平面图可知，第一步台阶距Ⓑ轴线为1860mm，标准层（二层）以上第一步台阶距③轴线为2100mm，梯井宽1380mm。

④ 了解楼梯间各楼层平面、休息平台面的标高。从图中可知一层往二层去共有两个休息平台，第一个休息平台标高为0.600m，第二个休息平台标高是2.550m，二层楼地面标高3.900m，二层往三层去有一个休息平台，标高是5.550m，三层楼地面标高为7.200m。

⑤ 了解中间层平面图中不同梯段的投影形状。中间层平面图既要画出剖切后往上走的上行梯段（注有"上"字），还要画出该层往下走的下行的完整梯段（注有"下"字），继续往下的另一个梯段有一部分投影可见，用45°折断线作为分界，与上行梯段组合成一个完整的梯段。各层平面图上所画的每一分格，表示一级踏面，平面图上梯段踏面投影数比梯段的步级数少1，如平面图中往下走的第一段共有11级，而在平面图中只画有10格，一梯段水平投影长为10×300mm＝3000mm。

⑥ 了解楼梯间的墙、门、窗的平面位置、编号和尺寸。楼梯间的墙分别为420mm（外墙）和180mm（内墙），门窗的编号、规格详看一层平面图和门窗统计表。

⑦ 了解楼梯剖面图在一层楼梯平面图中的剖切位置及投影方向。从图中可知剖切符号为A-A，该位置可以剖切到每层靠近Ⓒ轴线那边的楼梯。

（2）楼梯剖面图。

1）楼梯剖面图的形成和作用。楼梯剖面图是用假想的铅垂剖切平面通过各层的一个梯段和门窗洞口将楼梯垂直剖切，向另一未剖到的梯段方向投影，所作的剖面图。比例一般为1:50，楼梯剖面图主要表达楼梯踏步、平台的构造、栏杆的形状以及相关尺寸。楼梯剖面图可只画底层、中间层和顶层剖面图，其余部分用折断线将其省略。

2）楼梯剖面图的内容：

① 楼梯间的进深、墙体的厚度及与定位轴线的关系。

② 表示楼梯段的长度、休息平台、楼层平台的宽度。

③ 休息平台的标高和楼层标高。

④ 楼梯间窗洞口的标高和尺寸。

⑤ 表示被剖切梯段的踏步个数及材料。

⑥ 表示屋顶、地面的做法、构造索引符号。

3）楼梯剖面图的识读。现以图9-27为例，说明楼梯剖面图的识读。

① 了解楼梯的构造形式。从图中可知该楼梯的结构形式为板式楼梯，一层为三跑，二层以上为双跑楼梯。

② 了解楼梯在高度方向和进深方向的有关尺寸。从尺寸线和标高可知各平台标高和楼层标高，从③~④轴线间的细部尺寸可知一层第一个休息平台和楼层休息平台相同宽均为2100mm，其他中间休息平台宽为1500mm。

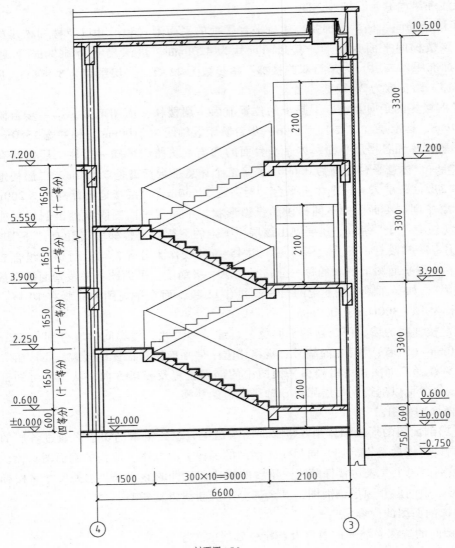

A-A剖面图 1:50

楼梯做法说明：

1.楼梯扶手及栏杆参辽005J402第4页之1,扶手高度H取1050。

2.扶手断面形式选用辽005J402第23页之21,面层为醇酸清漆。

3.栏杆选用方钢,面层为蓝灰色醇酸磁漆。

4.楼梯踏步防滑条选用辽005J402第21页之3。

图 9-27　楼梯剖面图

③ 了解楼梯段、平台、栏杆、扶手等的构造和用料说明。见本图底部楼梯做法说明,有时也可用详图索引表示。

④ 了解被剖切梯段的踏步级数及高度。从图中可知踏步高均为150mm,一层往二层去的首跑梯段为 $150mm \times 4 = 600mm$,其余均为 $11 \times 150mm = 1650mm$ 。

9.2.7　建筑施工图的绘制

1. 绘制建筑施工图的步骤和方法

1）确定绘制图样的数量。图样的数量是由房屋的外形、层数、平面布置、标准化程度、构造内容、复杂性以及施工的具体要求来确定，图样的数量以少为好，但也不能有遗漏，否则无法施工。

2）选择适当的比例，可参见《建筑制图标准》（GB/T 50104—2010）中建筑专业，室内设计专业制图的常用比例。

3）确定图幅。首先要根据图样的尺寸、复杂程度、进行尺寸标注所占用的位置和必要的文字说明的位置，确定图纸的幅面，一个工程设计中，每个专业所使用的图纸，一般不宜多于两种幅面。

4）进行合理的图面布置。图面布置包括图样、图名、尺寸、文字说明及表格等，要主次分明，排列均匀紧凑，表达清楚，同类型的、内容关系密切的图样，集中在一张或图号连续的几张图纸上，以便对照查阅。

5）施工图的绘制顺序，一般是按平面图、立面图、剖面图、详图顺序来进行。

6）施工图绘制方法：先用铅笔画底稿，经检查无误后，按规定的线型加深图线，学生作业多为铅笔加深图，施工图多为墨线图。

2. 建筑施工图画法举例

现以某办公楼为例，说明建筑平面图、立面图、剖面图以及详图的画法和步骤。

（1）建筑平面图的画法步骤。

1）确定平面图的比例和图幅。

2）画图框线和标题栏。

3）布置图面，画所有定位轴线，如图 9-28a 所示。

4）画出墙、柱轮廓线，如图 9-28b 所示。

5）定门、窗洞的位置，画细部如楼梯、卫生间等，如图 9-28c 所示。

6）仔细检查底图无误后，按规定线型加深。

7）标注轴线编号、标高尺寸、内外部尺寸、门窗编号、索引符号、剖切符号以及书写其他文字说明。

8）写图名、比例，一层平面图画出指北针，如图 9-28d 所示。

（2）建筑立面图的画法步骤。

1）确定立面图的比例和图幅，一般与平面图相同，以便对照看图。

2）画室外地坪、两端的定位轴线、外墙轮廓线、屋顶线等，如图 9-29a 所示。

3）根据层高、各部分标高和平面图门窗洞口尺寸，画出立面图中门窗洞口、檐口、雨篷、雨水管等细部的外形轮廓，如图 9-29b 所示。

4）检查无误后，按立面图的线型要求进行图线加深。

5）标注标高，书写墙面装修文字、图名、比例、文字说明等，如图 9-29c 所示。

（3）建筑剖面图的画法步骤。

1）确定剖面图的比例和图幅，一般与平面图、立面图相同。

2）画出定位轴线、室内外地坪线、楼面线、墙身轮廓线，如图 9-30a 所示。

134

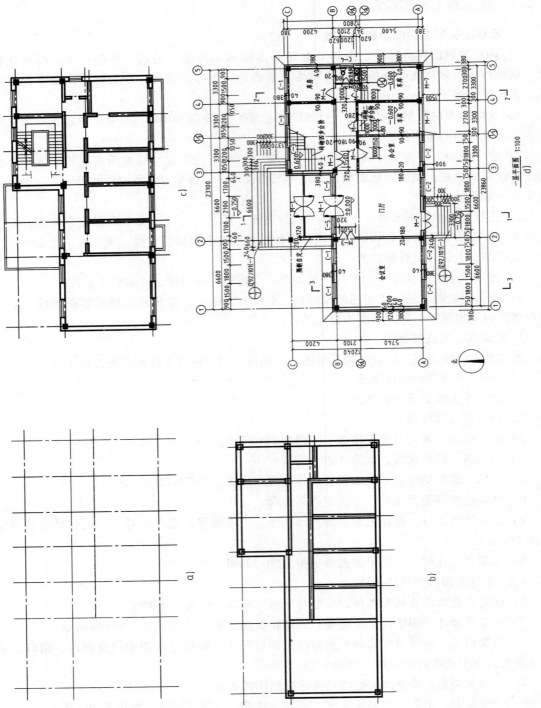

图 9-28　建筑平面图画法

135

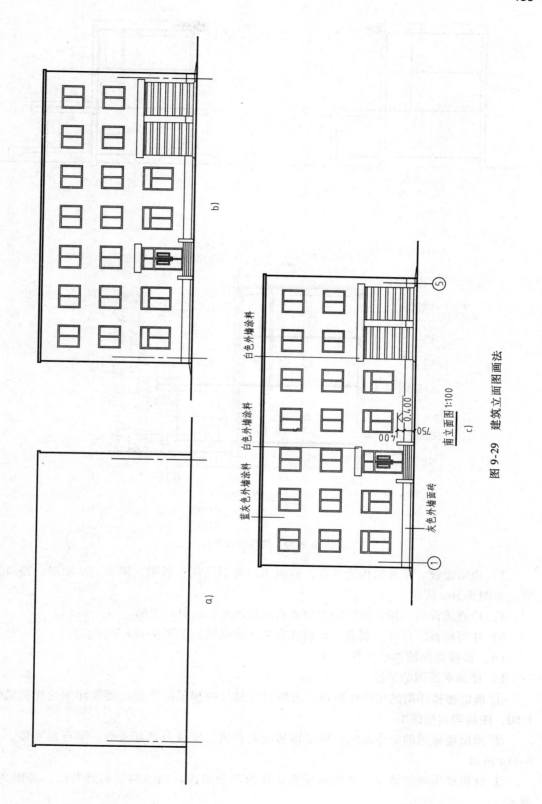

图 9-29　建筑立面图画法

a)

b)

蓝灰色外墙涂料　白色外墙涂料　白色外墙涂料　灰色外墙面砖

南立面图 1:100

c)

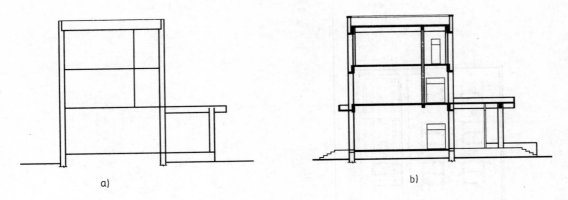

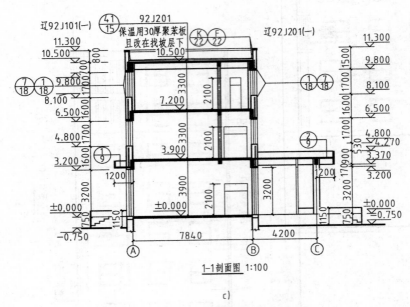

图 9-30　建筑剖面图画法

3）画出楼板、屋顶的构造厚度，再画出门窗洞高度、过梁、圈梁、防潮层、檐口宽度等，如图 9-30b 所示。

4）检查无误后，按剖面图的线型要求加深图线，画材料图例。

5）注写标高、尺寸、图名、比例及有关文字说明，如图 9-30c 所示。

（4）楼梯详图的画法步骤。

1）楼梯平面图的画法。

① 确定楼梯详图的比例和图幅。为能较好地反映楼梯的全貌，楼梯详图的比例通常为 1：50，图幅同其他图纸。

② 画出楼梯间的定位轴线，确定楼梯段的长度，宽度及其起止线，平台的宽度，如图 9-31a 所示。

③ 画出楼梯间的墙身，并在梯段起止线内等分梯段，画出踏步和折断线，如图 9-31b 所示。

④ 画出细部图例、尺寸、符号等。

⑤ 检查无误后，按要求加深图线。

⑥ 标注图名、比例及文字说明等，如图 9-31c 所示。

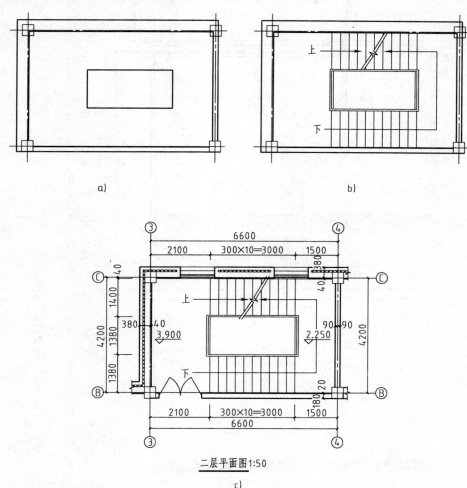

图 9-31　楼梯平面图的画法

2）楼梯剖面图的画法。

① 确定比例和图幅，比例与楼梯平面图相同，并与楼梯平面图画在同一张图纸上。

② 画轴线、定室内外地面与楼面线、平台位置及墙身，量取楼梯段的水平长度，竖直高度及起步点的位置，如图 9-32a 所示。

③ 用等分两平行线间距离的方法划分踏步的宽度、步数和高度、级数，如图 9-32b 所示。

④ 画出楼板和平台板厚，画楼梯段、门窗平台梁、栏杆及扶手等细部，在剖切到的轮廓范围内画上材料图例。

⑤ 检查无误后，按要求加深图线。

⑥ 注写标高尺寸、图名、比例、文字说明，如图 9-32c 所示。

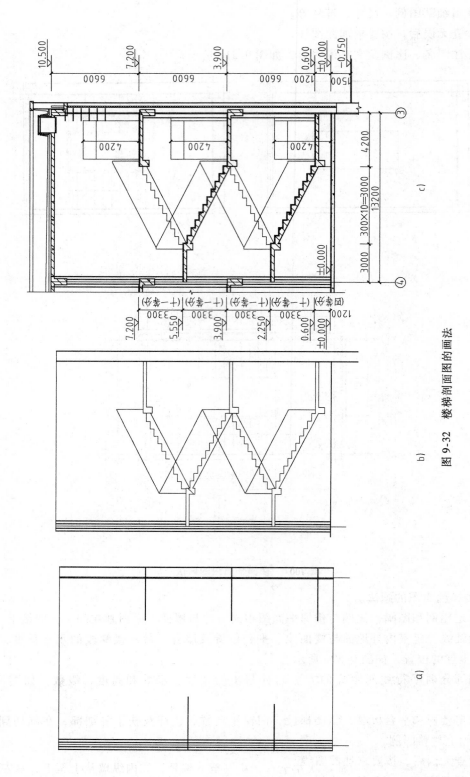

图 9-32 楼梯剖面图的画法

9.3 结构施工图

9.3.1 结构施工图概述

1. 结构施工图的形成和作用

结构施工图是根据建筑的要求，经过结构造型、构件布置及力学计算，确定建筑各承重构件（如基础、梁、板、柱等）的材料、形状、大小和内部构造等，并把这些设计结果绘制成图样，用以指导施工，这样的图样称为结构施工图，简称"结施"。它是施工定位、放线、支模板、绑扎钢筋、设置预埋件、浇注混凝土、安装梁、板、柱和编制预算等的重要依据。

2. 结构施工图的组成

（1）结构设计说明。其内容有设计的依据、自然条件（如地基情况、风雪荷载、抗震情况等）工程简况、主要结构材料情况、结构构造和设计施工要求、图样目录和标准图统计表等。

（2）结构平面布置图。其用来表达建筑结构构件的位置、数量、型号及相互关系，包括基础平面图、楼层结构平面图和屋顶结构平面布置图等。

（3）结构构件详图。其用来表达结构构件的形状、大小、材料和具体做法，如梁、板、柱、基础等详图。

3. 结构施工图的有关规定

在绘制结构施工图时既要遵照《房屋建筑制图统一标准》（GB/T 50001—2010）的规定，还应满足《建筑结构制图标准》（GB/T 50105—2010）的相关要求。

（1）一般规定。

1）绘图时根据图样的用途，被绘物体的复杂程度，应选用表9-8中常用的比例，特殊情况下也可选用可用比例。

表 9-8 比例

图　名	常 用 比 例	可 用 比 例
结构平面图 基础平面图	1:50、1:100 1:150	1:60、1:200
圈梁平面图、总图 中管沟、地下设施等	1:200、1:500	1:300
详图	1:10、1:20、1:50	1:5、1:25、1:30

2）构件的名称应用代号表示，代号后应用阿拉伯数字标注该构件的型号或编号，也可为构件的顺序号，构件的顺序号采用不带角标的阿拉伯数字连续编排，常用的构件代号见表9-9。

3）结构图应采用正投影绘制，如图9-33和图9-34所示。

4）结构平面图中的剖面图、断面详图的编号顺序宜按下列规定编排：①外墙按顺时针方向从左下角开始编号；②内横墙从左至右，从上至下编号；③内纵墙从上至下，从左至右编号，如图9-35所示。

表9-9 常用构件代号

序号	名 称	代号	序号	名 称	代号	序号	名 称	代号
1	板	B	19	圈梁	QL	37	承台	CT
2	屋面板	WB	20	过梁	GL	38	设备基础	SJ
3	空心板	KB	21	连梁	LL	39	桩	ZH
4	槽形板	CB	22	基础梁	JL	40	挡土墙	DQ
5	折板	ZB	23	楼梯梁	TL	41	地沟	DG
6	密肋板	MB	24	框架梁	KL	42	柱间支撑	ZC
7	楼梯板	TB	25	框支梁	KZL	43	垂直支撑	CC
8	盖板或沟盖板	GB	26	屋面框架梁	WKL	44	水平支撑	SC
9	挡雨板或檐口板	YB	27	檩条	LT	45	梯	T
10	吊车安全走道板	DB	28	屋架	WJ	46	雨篷	YP
11	墙板	QB	29	托架	TJ	47	阳台	YT
12	天沟板	TGB	30	天窗架	CJ	48	梁垫	LD
13	梁	L	31	框架	KJ	49	预埋件	M
14	屋面梁	WL	32	刚架	GJ	50	天窗端壁	TD
15	吊车梁	DL	33	支架	ZJ	51	钢筋网	W
16	单轨吊车梁	DDL	34	柱	Z	52	钢筋骨架	G
17	轨道连接	DGL	35	框架柱	KZ	53	基础	J
18	车挡	CD	36	构造柱	GZ	54	暗柱	AZ

注：1. 预制钢筋混凝土构件、现浇钢筋混凝土构件、钢构件和木构件，一般可直接采用本表中的构件代号。在绘图中，当需要区别上述构件的材料种类时，可在构件代号前加注材料代号，并在图样中加以说明。

　　2. 预应力钢筋混凝土构件的代号，应在构件代号前加注"Y-"，如 Y-DL，表示预应力钢筋混凝土吊车梁。

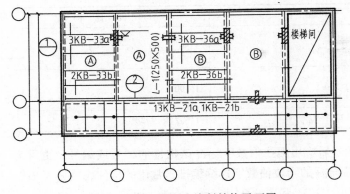

图9-33 用正投影法绘制结构平面图

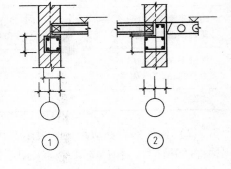

图9-34 用正投影法绘制节点详图

（2）混凝土结构制图有关规定。

1）钢筋的一般表示方法应符合表9-10～表9-12。

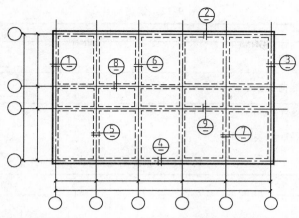

图 9-35 结构平面图中索引剖视详图、断面详图编号顺序表示方法

表 9-10 一般钢筋

序 号	名 称	图 例	说 明
1	钢筋横断面	•	
2	无弯钩的钢筋端部		下图表示长、短钢筋投影重叠时,短钢筋的端部用45°斜划线表示
3	带半圆形弯钩的钢筋端部		
4	带直钩的钢筋端部		
5	带丝扣的钢筋端部		
6	无弯钩的钢筋搭接		
7	带半圆弯钩的钢筋搭接		
8	带直钩的钢筋搭接		
9	花篮螺丝钢筋接头		
10	机械连接的钢筋接头		用文字说明机械连接的方式(或冷挤压或锥螺纹等)

表 9-11 预应力钢筋

序 号	名 称	图 例
1	预应力钢筋或钢绞线	
2	后张法预应力钢筋断面 无粘结预应力钢筋断面	⊕
3	单根预应力钢筋断面	+
4	张拉端锚具	
5	锚具的端视图	⊕
6	可动连接件	
7	固定连接件	

表 9-12 钢筋网片

序号	名称	图例
1	一片钢筋网平面图	W-1
2	一行相同的钢筋网平面图	3W-1

注：用文字注明焊接网或绑扎网。

2）钢筋的画法应符合表 9-13。

表 9-13 钢筋的画法

序号	说明	图例
1	在结构平面图中配置双层钢筋时,底层钢筋的弯钩应向上或向左,顶层钢筋的弯钩则向下或向右	(底层) (顶层)
2	钢筋混凝土墙体配双层钢筋时,在配筋立面图中,远面钢筋的弯钩应向上或向左,而近面钢筋的弯钩向下或向右（JM 近面;YM 远面）	JM YM
3	若在断面图中不能表达清楚的钢筋布置,应在断面图外增加钢筋大样图(如:钢筋混凝土墙、楼梯等)	
4	图中所表示的钢筋、环筋等若布置复杂时,可加画钢筋大样及说明	或
5	每组相同的钢筋、箍筋或环筋,可用一根粗实线表示,同时用一两端带斜短划线的横穿细线,表示其余钢筋及起止范围	

3）钢筋在平面、立面、剖（断）面中的表示方法应符合下列规定。

① 钢筋在平面图中的配置应按图 9-36 所示的方法表示。

② 平面图中的钢筋配置较复杂时，可按图 9-37 所示的方法绘制。

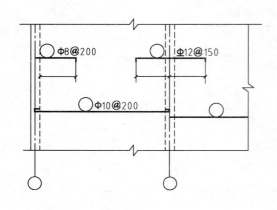

图 9-36 钢筋在平面图中的表示方法

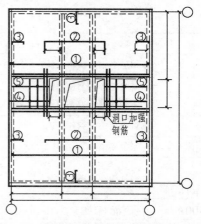

图 9-37 楼板配筋较复杂的结构平面图

③ 钢筋在立面、断面图中的配置，应按图 9-38 所示的方法表示。

④ 钢筋混凝土构件配筋较简单时，可按下列规定绘制配筋平面图。

a）独立基础在平面模板图左下角，绘出钢筋并标注钢筋的直径、间距等，如图 9-39a 所示。

b）其他构件可在某一部位绘出波浪线，绘出钢筋，标注钢筋的直径、间距等，如图 9-39b 所示。

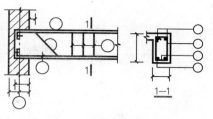

图 9-38　梁的配筋图

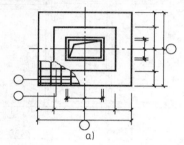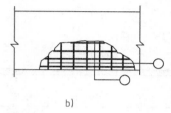

图 9-39　配筋简化图

9.3.2　基础结构图

基础结构图是表示建筑基础施工做法的图样，由基础平面图和基础详图组成。

1. 基础平面图

（1）基础平面图的形成和作用。用一个水平剖切平面沿建筑底层地面下一点剖切建筑，将剖切平面上面的部分去掉，并移去回填土所得到的水平投影图，称为基础平面图。基础平面图主要表达基础的平面位置、形式及其种类，是基础施工时定位、放线、开挖基坑的依据。

（2）基础平面图的图示内容。

1）图名和比例。

2）定位轴线及编号。

3）尺寸和标高。

4）基础、柱、构造柱的水平投影的位置和编号。

5）基础构件配筋。

6）基础详图的剖切符号及编号。

7）有关说明。

（3）基础平面图的识读。图 9-40 是某办公楼的基础平面图，比例为 1:100，从图中可以了解到该建筑的基础为柱下独立基础，由于受力等不同，基础的底面尺寸也不同，为了便于区别，每个基础都进行了编号，如 J—4 基础底面尺寸为 2400mm × 2400mm，J—7 基础底面尺寸为 2900mm × 2900mm，其他基础的底面尺寸可从柱基础一览表中可以查出。每个基础在平面中的位置可从定位轴线和标出的尺寸线中准确读出，此外基础上面都设有基础梁，具体尺寸、配筋、标高可见梁的剖面图，如②轴线的基础梁尺寸见 4-4 剖面图，为 300mm × 500mm，梁顶面标高是 −0.900m，图中的 TZ1 和 TZ2 表示楼梯柱，J—a 表示雨篷柱，注意读图一定要认真详细，以便与后面的基础详图对照。

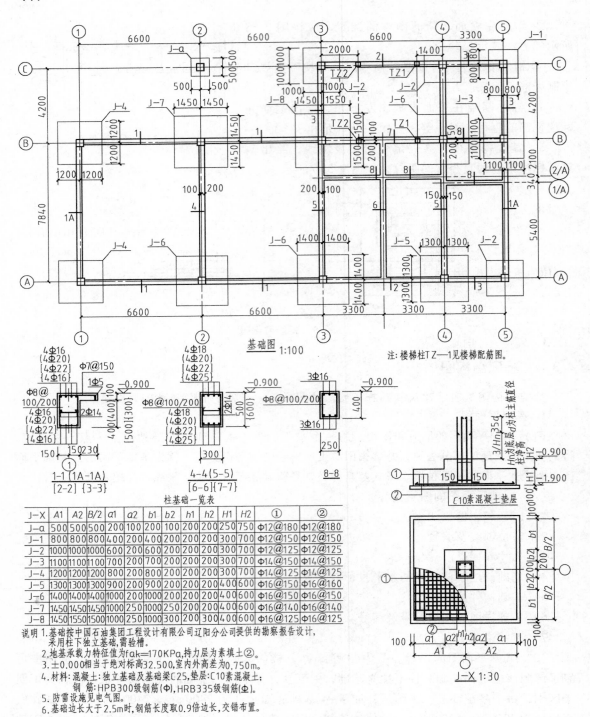

图 9-40　基础平面图和基础详图

2. 基础详图

（1）基础详图的形成与作用。基础详图是将基础垂直切开所得到的断面图，结构相同的只需画一个，结构不同的应分别编号绘制，对独立基础，有时还附一张单个基础的平面图，对柱下条形基础，也可采用只画一个的简略画法。基础断面图表示基础的形状、大小、材料、构造和埋置深度，是基础施工的重要依据。

（2）基础详图的图示内容。

1）图名和比例。

2）定位轴线及编号。

3）基础的断面形状、尺寸、材料图例、配筋等。

4）尺寸和标高。

5）施工说明。

（3）基础详图的识读。图 9-40 中 J-X 图是基础详图，它由平面图和剖面图组成，平面图中表示了各种类型独立基础的平面尺寸和与定位轴线的关系。剖面图表示基础底面和顶面标高，底板横向筋和纵向筋的种类、直径、间距，垫层厚度、材料及基础断面形状等。如 J—1 基础截面形状为阶梯形，基础底面标高为 -1.900m，顶面标高为 -0.900m，底板横向筋和纵向筋均为 $\phi 12@150$，基础底面设有 100mm 厚的 C10 素混凝土垫层，位置在⑤轴线和ⓒ轴线交汇处。

9.3.3　结构平面布置图

以平面图的形式表示房屋上部各承重结构或构件的布置图样，叫作结构平面布置图。它一般包括楼层结构平面布置图和屋顶结构平面布置图。

1. 楼层结构平面布置图的形成和作用

作一假想的水平剖切平面在所要表明的结构层没有抹灰时的上表面处水平剖开，向下作正投影而得的水平投图，即为楼层结构平面布置图。它表示该层的梁、板及下一层的门窗过梁、圈梁等构件的布置情况。它是施工时布置和安放各层承重构件的依据。

2. 楼层板平面布置图的图示内容

1）图名和比例。

2）定位轴线、尺寸标注、标高。

3）承重墙、柱子（包括构造柱）和梁。

4）现浇板的位置、编号、配筋、板厚。

5）如有预制板，标出预制板的规格、数量、等级和布置情况。

3. 楼层板平面布置图的识读

图 9-41 为某办公楼一层板的配筋图，比例为 1:100，因为是框架结构，板均担在梁上，所以图中的虚线表示框架梁，该层均为现浇板，厚度为 100mm，板顶标高为 3.870m，楼梯间处留有洞口，由于板的规格和受力不同，配筋也不一样，为了区别用编号表示，如①是 $\phi^R 7@160$。

此外还应有屋顶结构平面布置图。屋顶结构平面布置图是表示屋面承重构件平面布置的图样。它与楼层结构平面布置图基本相同，不再赘述，但值得注意的是，由于屋面排水的需要，屋面承重构件可根据需要按一定的坡度布置，有时需设置挑檐板，因此，在屋顶结构平面布置图中要表明挑檐板的范围及节点详图的剖切符号。

146

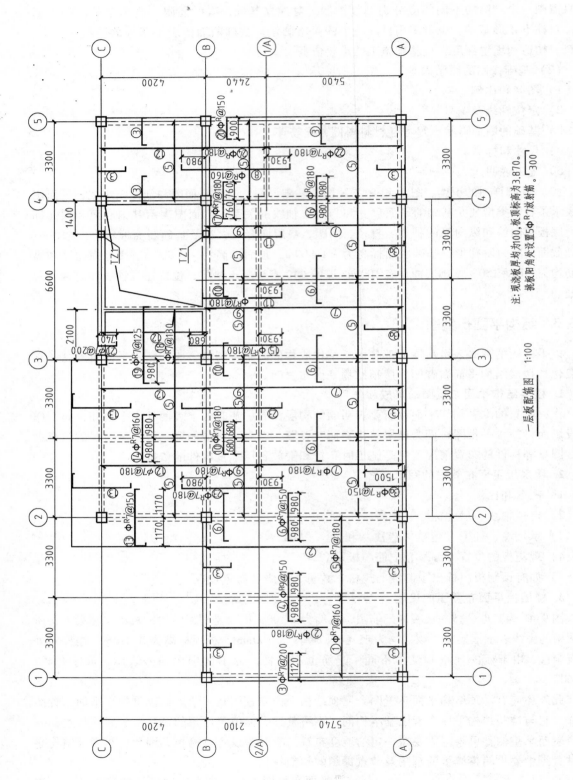

一层板配筋图 1:100

注：现浇板厚均为100，板顶标高为3.870。
挑板阳角处设置5Φ⁷@150放射筋。

图 9-41 一层的配筋图

9.3.4 钢筋混凝土结构平面整体表示法简介

1. 钢筋混凝土结构平面整体表示法的形成与作用

钢筋混凝土结构平面整体表示法（简称平法）的表达方式，概括来讲，是把结构构件的尺寸和配筋等，按照平面整体表示方法制图规则，整体直接表达在各类构件的结构平面布置图上，再与标准构造详图相配合，即构成一套新型完整的结构设计。它改变了传统的那种将构件从结构平面图中索引出来，再逐个绘制配筋详图的繁琐方法。

2. 钢筋混凝土结构平面整体表示法的内容

下面介绍框架柱、框架梁的平面整体表示法施工图制图规则及标注内容。

（1）框架柱平法施工图的内容。框架柱平法施工图分列表注写方式和截面注写方式两种。

1）列表注写方式。列表注写方式注写内容主要有：①柱编号，柱编号由类型代号和序号组成。②各段柱的起止标高，自柱根部往上以变截面位置或截面未变但配筋改变处为界分段注写。③柱截面尺寸及其与定位轴线的关系。④柱纵筋，当柱纵筋直径相同，各边根数也相同时，将纵筋写在"全部纵筋"一栏中。除此之外，柱纵筋分角筋、截面 b 边中部筋和 h 边中部筋 3 项分别注写。⑤箍筋类型号及箍筋肢数。⑥柱箍筋，包括钢筋级别与间距。用斜线"/"区分柱端箍筋加密区与柱身非加密区长度范围内箍筋的不同间距。当箍筋沿柱全高为一种间距时，则不使用"/"。

2）截面注写方式。截面注写方式，是在分标准层绘制的柱平面布置图的柱截面上，分别在同一编号的柱中选择一个截面，以直接注写截面尺寸和配筋具体数值的方式来表达柱平法施工图。

从相同编号的柱中选择一个截面，按另一种比例放大绘制柱截面配筋图，并在各配筋图上继其编号后再注写截面尺寸 $b \times h$、角筋或全部纵筋（当纵筋采用一种直径且能够图示清楚时）、箍筋的具体数值以及在柱截面配筋图上标注柱截面与轴线关系 $b1$、$b2$、$h1$、$h2$ 的具体数值。

（2）梁平法施工图的内容。梁平法施工图是在梁平面布置图上采用平面注写方式或截面注写方式表达。

1）平面注写方式。平面注写方式，是在梁平面布置图上，分别在不同编号的梁中选一根梁，在其上注写截面尺寸的配筋具体数字的方式来表达梁平法施工图。平面注写方式的主要内容有：①梁编号由梁类型代号、序号、跨数及有无悬挑代号几项组成。②梁截面尺寸。③梁箍筋，包括钢筋级别、直径、加密区与非加密区间距及肢数。箍筋加密区与非加密区的不同间距及肢数需用斜线"/"分隔，当梁箍筋为同一种间距及肢数相同时，则不需用斜线，当加密区与非加密区的箍筋肢数相同时，则将肢数注写一次，箍筋肢数应写在括号内。④梁上部通长筋或架立筋配置。所注规格与根数应根据结构受力要求及箍筋肢数等构造要求而定。注写时须将角部纵筋写在加号的前面，架立筋写在加号后面的括号内。⑤梁侧面纵向构造钢筋或受扭钢筋配置。⑥梁顶面标高高差。⑦梁上部纵筋和下部钢筋可以采用原位标注。当上、下部纵筋多于一排时，用斜线"/"将各排纵筋自上而下分开。当梁下部纵筋不全部伸入支座时，将梁支座下部纵筋减少的数量写在括号内。⑧附加箍筋或吊筋，将其直接画在平面图中的支梁上，用线引注总配筋值。

2）截面注写法。在分标准层绘制的梁平面布置图上，分别在不同编号的梁中选择一根梁用剖面号引出配筋图。在截面配筋详图上注写截面尺寸 $b \times h$，上部筋、下部筋侧面构造筋或受扭筋，以及箍筋的具体数值时，其表达形式与平面注写方式相同。

3. 钢筋混凝土结构平面整体表示法施工图的识读

1）框架柱平法施工图的识读。图 9-42 为采用钢筋混凝土结构平面整体表示法的柱配筋图，此图采用列表注写方式，图中共有 7 类框架柱。如 KZ1 表示框架柱 1，共分为 3 个柱段，各段的起止标高分别为 −0.900～3.870m、3.870～7.170m、7.170～10.500m，标高分

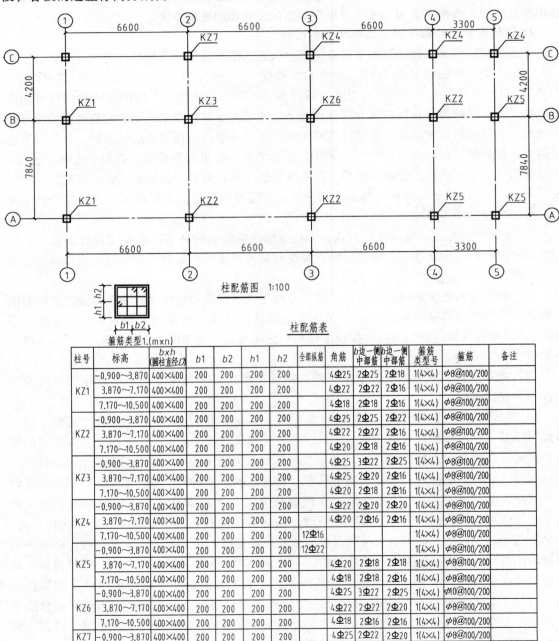

柱配筋表

柱号	标高	$b \times h$ (圆柱直径D)	b1	b2	h1	h2	全部纵筋	角筋	b边一侧中部筋	h边一侧中部筋	箍筋类型号	箍筋	备注
KZ1	−0.900～3.870	400×400	200	200	200	200		4Φ25	2Φ25	2Φ18	1(4×4)	φ8@100/200	
	3.870～7.170	400×400	200	200	200	200		4Φ22	2Φ22	2Φ16	1(4×4)	φ8@100/200	
	7.170～10.500	400×400	200	200	200	200		4Φ18	2Φ18	2Φ16	1(4×4)	φ8@100/200	
KZ2	−0.900～3.870	400×400	200	200	200	200		4Φ25	2Φ25	2Φ22	1(4×4)	φ8@100/200	
	3.870～7.170	400×400	200	200	200	200		4Φ22	2Φ22	2Φ16	1(4×4)	φ8@100/200	
	7.170～10.500	400×400	200	200	200	200		4Φ20	2Φ18	2Φ16	1(4×4)	φ8@100/200	
KZ3	−0.900～3.870	400×400	200	200	200	200		4Φ25	3Φ22	2Φ25	1(4×4)	φ8@100/200	
	3.870～7.170	400×400	200	200	200	200		4Φ25	2Φ20	2Φ16	1(4×4)	φ8@100/200	
	7.170～10.500	400×400	200	200	200	200		4Φ20	2Φ18	2Φ16	1(4×4)	φ8@100/200	
KZ4	−0.900～3.870	400×400	200	200	200	200		4Φ22	2Φ20	2Φ20	1(4×4)	φ8@100/200	
	3.870～7.170	400×400	200	200	200	200		4Φ20	2Φ16	2Φ16	1(4×4)	φ8@100/200	
	7.170～10.500	400×400	200	200	200	200	12Φ16				1(4×4)	φ8@100/200	
KZ5	−0.900～3.870	400×400	200	200	200	200	12Φ22				1(4×4)	φ8@100/200	
	3.870～7.170	400×400	200	200	200	200		4Φ20	2Φ18	2Φ18	1(4×4)	φ8@100/200	
	7.170～10.500	400×400	200	200	200	200		4Φ18	2Φ18	2Φ16	1(4×4)	φ8@100/200	
KZ6	−0.900～3.870	400×400	200	200	200	200		4Φ25	3Φ22	2Φ25	1(4×4)	φ10@100/200	
	3.870～7.170	400×400	200	200	200	200		4Φ22	2Φ22	2Φ20	1(4×4)	φ8@100/200	
	7.170～10.500	400×400	200	200	200	200		4Φ18	2Φ16	2Φ16	1(4×4)	φ8@100/200	
KZ7	−0.900～3.870	400×400	200	200	200	200		4Φ25	2Φ22	2Φ20	1(4×4)	φ8@100/200	

图 9-42　柱配筋图

段处为截面未变但配筋改变处。KZ1 的截面尺寸为 400mm × 400mm，$b1 = b2 = 200mm$，$h1 = h2 = 200mm$，即纵横向定位轴线分别通过柱的中心线。KZ1 在标高 −0.900 ~ 3.870m 段所配纵筋中的角筋为 4Φ25，截面 b 边一侧中部筋 2Φ25 和 h 边一侧中部筋 2Φ18。全部框架柱箍筋类型号为 1（4 × 4），箍筋均为 Φ8@100/200，表示箍筋为 HPB300，直径 $\phi10mm$，加密区间距为 100mm，非加密区间距为 200mm。其他柱的识读方法同 KZ1。

2）梁平法施工图的识读。图 9-43 为采用平面注写方式的梁平法施工图。以①轴的框架梁为例说明梁配筋图的识读。集中标注的部分中 KL1（1）表示第 1 号框架梁，1 跨；300 ×

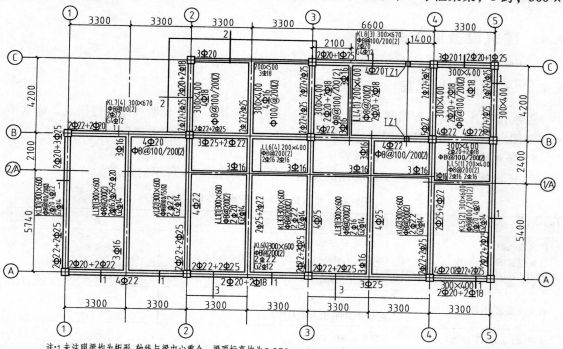

注：1.未注明梁均为矩形，轴线与梁中心重合，梁顶标高均为 3.870m。
2.楼梯柱（TZ1）配筋见楼梯配筋图。

一层梁配筋图 1:100

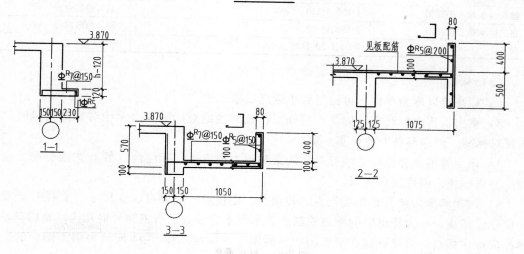

图 9-43　梁配筋图

600 表示矩形截面梁，截面宽度 b 为 300mm，截面高度 h 为 600mm；φ8@100/200（2），表示箍筋为 HPB300，直径 ϕ8mm，加密区间距为 100mm，非加密区间距为 200mm，为两肢箍。2Φ20、4Φ22 分别表示梁的上部和下部的通长纵筋，其中 2Φ20 为梁的上部通长纵筋（角筋），4Φ22 为梁下部的通长纵筋。G2Φ14 表示梁的两个侧面共配置 2Φ14 的纵向构造钢筋，每侧各配置 1Φ14。该梁支座处的上部钢筋采用原位标注为 2Φ20＋3Φ25，其中 3Φ25 不通长。由于边梁的构造复杂，在梁配筋图中标注剖切位置，绘出对应的断面图，即图中 1-1、2-2、3-3 断面图。

9.4 建筑设备施工图

9.4.1 给水排水施工图

给水排水施工图由管线平面图、系统图、工艺流程图、设计说明和详图等构成。给水排水施工图应符合《给水排水制图标准》（GB/T 50106—2010）的相关规定。

1. 给水排水图施工图的有关规定

（1）比例。给水排水施工图选用的比例，宜符合如表 9-14 所示的规定。

表 9-14 给水排水施工图常用比例

名　称	比　例	备　注
区域规划图 区域位置图	1:50000、1:25000、1:10000 1:5000、1:2000	宜与总图专业一致
总平面图	1:1000、1:500、1:300	宜与总图专业一致
管道纵断面图	竖向:1:200、1:100、1:50 纵向:1:1000、1:500、1:300	
水处理厂（站）平面图	1:500、1:200、1:100	
水处理构筑物、设备间、卫生间、泵房平、剖面图	1:100、1:50、1:40、1:30	
建筑给水排水平面图	1:200、1:150、1:100	宜与建筑专业一致
建筑给水排水轴测图	1:150、1:100、1:50	宜与相应图样一致
详图	1:50、1:30、1:20、1:10、1:5、1:2、1:1、2:1	

（2）标高。

1）标高应以米为单位，可注写到小数点后第二位。

2）室内工程应标注相对标高；室外工程宜标注绝对标高，当无绝对标高资料时，可标注相对标高，但应与各专业标高一致。

3）压力管道应标注中心线标高，沟渠和重力流管道宜标注沟（管）内底标高，也可标管中心线标高，但要加以说明。

4）沟渠和重力流管道的起讫点、转角点、连接点、变坡点、变尺寸（管径）点及交叉点应标注标高；压力管道中的标高控制点、不同水位线处、管道穿外墙和构筑物的壁及底板等处应标注标高。管道标高在平面图和轴测图中的标注如图 9-44 所示，剖面图中的标注如图 9-45 所示。

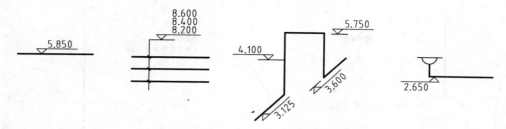

图 9-44 平面图和轴测图中管道标高标注法

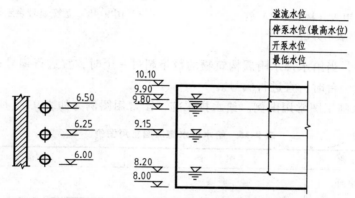

图 9-45 剖面图中管道及水位标高标注法

（3）管径。管径应以毫米为单位。水煤气输送钢管（镀锌或非镀锌）、铸铁管等管材，管径宜以公称直径 *DN* 表示（如 *DN*25）；无缝钢管、焊接钢管（直缝或螺旋缝）、铜管、不锈钢管等管材，管径以外径 *D* × 壁厚表示（如 *D*159 × 4）；塑料管材，管径宜按产品标准的方法表示。

管径的标注方法如图 9-46 所示。

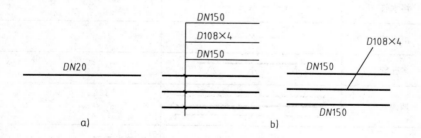

图 9-46 管径的标注方法

a）单管管径表示法　b）多管管径表示法

（4）系统及立管编号。管道应按系统加以标记和编号，给水系统一般以每一条引入管为一个系统，排水管以每一条排出管为一个系统，当建筑物的给水引入管或排水排出管的数量超过 1 根时，宜进行分类编号。编号方法是在直径 10 ~ 12mm 的圆圈内过圆心画一水平线，水平线上用汉语拼音字母表示管道类别，下用阿拉伯数字编号，如图 9-47 所示。

建筑物内穿越楼层的立管，其数量超过一根时宜进行分类编号。平面图上立管一般用小圆圈表示，如 1 号污水立管标记为 WL—1，如图 9-48 所示。

152

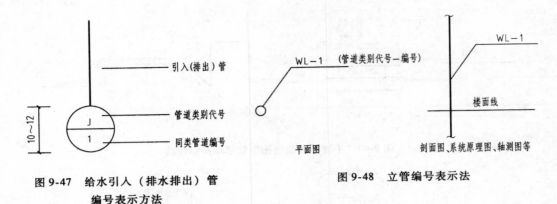

图 9-47　给水引入（排水排出）管
编号表示方法

图 9-48　立管编号表示法

在总平面图中，当给水排水附属构筑物的数量超过一个时，宜进行编号；当给水排水机电设备的数量超过一台时，宜进行编号。

（5）给水排水施工图常用图例。给水排水施工图常用图例为如表 9-15 所示。

表 9-15　给水排水施工图常用图例

序　号	名　称	图　例	备　注
	管道图例		
1	生活给水管	——J——	
2	热水给水管	——RJ——	
3	热水回水管	——RH——	
4	通气管	——T——	
5	污水管	——W——	
6	雨水管	——Y——	
7	多孔管		
8	地沟管		
9	管道立管	XL-1 平面　XL-1 系统	X:管道类别 L:立管 1:编号
	管道附件		
1	管道固定支架	＊　　＊	
2	立管检查口		

(续)

序号	名　称	图　例	备　注
3	清扫口	平面　　系统	
4	通气帽	成品　　铅丝球	
5	圆形地漏		通用。如为无水封,地漏应加存水弯
	管道连接		
1	法兰连接		—
2	承插连接		—
3	活接头		—
4	管堵		—
5	法兰堵盖		—
6	盲板		—
7	弯折管	高　低　低　高	—
8	管道丁字上接	高／低	—
9	管道丁字下接	高／低	—
10	管道交叉	低／高	在下面和后面的管道应断开
	管件		
1	偏心异径管		
2	同心异径管		

（续）

序　号	名　　称	图　例	备　注
3	乙字管		
4	喇叭口		
5	转动接头		
6	S形存水弯		
7	P形存水弯		
8	90°弯头		
9	正三通		
10	TY三通		
11	斜三通		
12	正四通		
13	斜四通		
14	浴盆排水管		
	阀门		
1	闸阀		
2	角阀		
3	截止阀	DN≥50　　DN<50	

（续）

序号	名　称	图　例	备　注
4	球阀		
5	止回阀		
6	蝶阀		
7	浮球阀	平面　　系统	
	给水配件		
1	放水龙头		左侧为平面,右侧为系统
2	混合水龙头		
	消防设施		
1	消火栓给水管	—— XH ——	
2	自动喷水灭火给水管	—— ZP ——	
3	室外消火栓		
4	室内消火栓 （单口）	平面　　系统	白色为开启面
5	室内消火栓 （双口）	平面　　系统	
6	水泵接合器		

2. 给水排水施工图的形成和作用

建筑给水排水施工图应在土建施工图的基础上绘制。首先，按照土建平面图和剖面图的特征，即墙、门、窗、地面的尺寸，计算给水系统和排水系统的设计秒流量，再进行管网的水力计算，确定系统管径，最后选择给水系统和排水系统管路布置形式，选择供水设备及附属设备，形成给水排水施工图。

给水排水施工图反映给水排水系统管道、附属设备、卫生设备的平面和空间布置情况，是建筑物给水排水系统施工的依据，也是给水排水系统运行管理和维护的依据，同时，给水排水施工图也是建筑物扩建、改建和改造的依据。

3. 给水排水施工图的图示内容

1）图样目录。图样目录是将全部施工图样进行分类编号，并填入图样目录表格中，以便查阅和工程技术档案的管理。

2）设计说明。设计说明是施工图的重要组成部分，用必要的文字来说明工程的概况及设计者的意图。给水排水设计说明主要包括给水排水系统管材、管件的种类和材质及连接方法、给水设备和消防设备的类型及安装方式、管道的防腐、绝热方法、系统的试压要求、供水方式的选用、遵照的设计、施工验收规范及标准图集等内容。

3）设备材料表。设备材料表是将施工过程中用到的主要材料和设备列成明细表，标明其名称、规格、数量等，以供施工备料时参考。

4）给水排水系统平面图。平面图一般包括地下室或底层、标准层、顶层及水箱间给水排水平面图等。平面图阐述的主要内容有给水排水设备、卫生器具的类型和平面位置、管道附件的平面位置、给水排水系统的出入口位置和编号、地沟位置及尺寸、干管和支管的走向、坡度和位置、立管的编号及位置等。

5）给水排水系统图。系统图是三维空间的立体图，用来表达管道及设备的空间位置关系。其主要内容有供水、排水系统的横管、立管、支管、干管的编号、走向、坡度、管径、管道附件的标高和空间相对位置等。系统图宜按 45°正面斜轴测投影法绘制，管道的编号、布置方向与平面图一致。

6）详图。详图是对设计施工说明和上述图样都无法表示清楚，又无标准设计图可供选用的设备、器具安装图、非标准设备制造图或设计者自己的创新，按放大比例由设计人员绘制的施工图，要求其编号应与其他图样相对应。

标准图集是施工详图的一部分，具有权威性，必须遵照执行。

4. 给水排水施工图识读

识图时应首先按图样目录核对图样，再看设计说明，以掌握工程概况和设计者的意图。分清图中的各个系统，从前到后将平面图和系统图反复对照来看，以便相互补充和说明，建立全面、系统的空间形象；对卫生器具的安装还必须辅以相应的标准图集。给水系统可按水流方向从引入管、干管、立管、支管到卫生器具的顺序来识读；排水系统可按水流方向从卫生器具排水管、排水横管、排水立管到排出管的顺序识读。

一幢三层建筑的卫生间给水排水系统分两个排水系统和一个给水系统。一层给水排水平面图如图 9-49 所示，给水排水大样图和系统图如图 9-50 所示。

给水排水设计说明：

1）某办公楼供水方式为下行上供。生活给水同时出流概率、设计秒流量及入口所需压力为：$q = 1.95 \text{L/s}$，$H = 0.22 \text{MPa}$。

生活给水系统管道在交付使用前必须冲洗和消毒，并经有关部门取样检验，符合国家

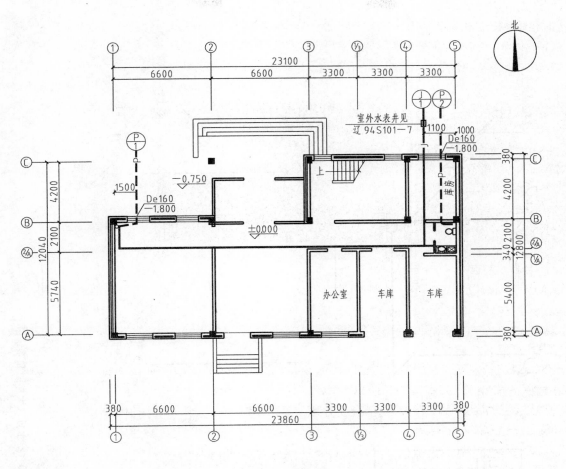

一层给排水平面图 1:100

图 9-49　一层给水排水平面图

《生活饮用水卫生标准》（GB 5749—2006）方可使用。给水管道系统试验压力为 0.6MPa。
给水系统在试验压力下稳压 1h，压力降不得超过 0.05MPa，然后在 0.25MPa 状态下稳压 2h，
压力降不得超过 0.03MPa，同时检查各连接处不得渗漏。

　　2）给水管材及管件采用 PPR 管材及管件，热熔连接，安装操作按厂家产品说明
书进行。阀门采用与 PPR 管相配套的截止阀和球阀。管道穿楼板、墙处做钢套管，
给水管管材及管件均采用耐压为 1.0MPa 的管材及管件。面层内管道待安装试压完毕
后，在地面涂上管线位置和给水管穿基础、内外墙、楼板的位置，见辽 2002S302—
38、39。

　　3）排水管采用 UPVC 排水管材，安装按《建筑排水硬聚氯乙烯管道工程技术规程》
（CJJ/T 29—89）及省标辽 2002S302 施工。通气管出屋面 700mm。排水立管于每层在水流汇
合处设置伸缩节，见辽 2002S303—16、20。

　　4）卫生设备安装。坐便器见辽 94S301—43，250mm 水封两用地漏见辽 94S201—4，洗
脸盆下配水见辽 94S301—17，污水池见辽 94S301—10（甲）。

158

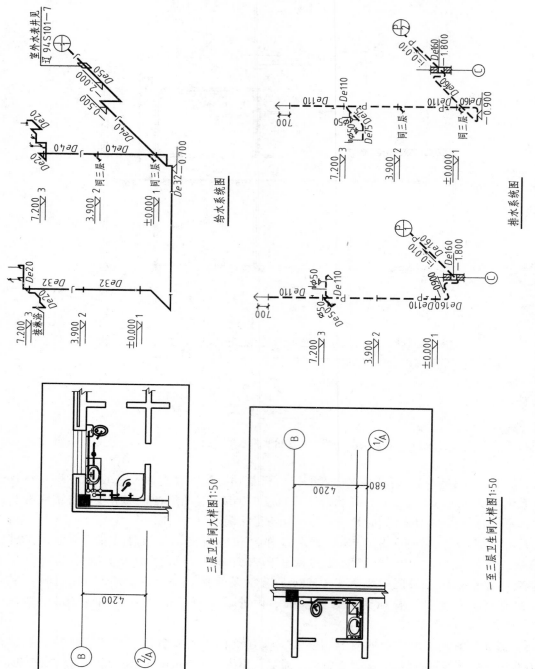

图 9-50　给水排水大样图和系统图

5）隐蔽或埋地的排水管道在隐蔽前必须做灌水试验，其灌水高度应不低于底层卫生器具的上边缘或底层地面高度。

6）排水主立管及水平干管管道均应做通球试验。通球球径不小于排水管道管径的2/3，通球率必须达到100%。

7）排水检查井及化粪池见外线设计。

8）中危险级，手提式磷酸铵盐干粉灭火器每处两具，每具5kg，3A，具体事宜见《建筑灭火器配置设计规范》（GB 50140—2005）。

9）图中除标高外均以毫米计，给水管道标高以管中心计，排水管道标高以管内底计。

10）未尽事宜，请按国家标准《建筑给水排水及采暖工程施工质量验收规范》（GB 50242—2002）及有关的规范、规程的规定执行。

9.4.2 建筑采暖施工图

1. 采暖施工图的形成和作用

建筑采暖施工图应在土建施工图的基础上绘制。首先，按照土建施工图建筑物围护结构的特征，即墙、门、窗、地面、屋顶的保温性能、结构尺寸，计算建筑物各房间的采暖热负荷，再在采暖热负荷的基本上，配置各采暖房间所需的散热设备片数及长度，最后选择采暖系统管路布置形式，进行采暖系统水力计算，选择管采暖管路管径及附属设备，形成采暖施工图。

采暖施工图反映采暖系统管道、附属设备、散热设备的平面和空间布置情况，是建筑物采暖系统施工的依据，也是采暖系统运行管理和调节的依据，同时，采暖施工图也是建筑物扩建、改建和改造的依据。

2. 采暖施工图的图示内容

采暖系统施工图包括采暖平面图、系统轴测图、详图、设计和施工说明、图例、图样目录、设备材料明细表等组成。

（1）采暖平面图是利用正投影原理，采用水平全剖的方法，表示出建筑物各层供暖管道与设备的平面布置，应连同建筑平面图一起画出，内容包括：

1）标准层采暖平面图：应表明立管位置及立管编号，散热器的安装位置、类型、片数及安装方式。

2）顶层采暖平面图：除了有标准层平面图相同的内容外，还应表明总立管、水平干管的位置、走向、立管编号、干管坡度及干管上阀门、固定支架的安装位置与型号，集气罐、膨胀水箱等设备的位置、型号及其与管道的连接情况。

3）底层平面图：除了有与标准层平面图相同的内容外，还应表明引入口的位置，供、回水总管的走向、位置及采用的标准图号（或详图号），回水干管的位置，室内管沟（包括过门地沟）的位置和主要尺寸，活动盖板和管道支架的设置位置。

采暖平面图常用的比例有1:50、1:100、1:200等。

（2）系统的轴测图，又称系统图，是表示采暖系统的空间布置情况，散热器与管道的空间连接形式，设备、管道附件等空间关系的立体图。在图上要标明立管编号、管段直径，管道标高、水平干管坡度及坡向、散热器片数及集气罐、膨胀水箱、阀件的位置、型号规格等。其比例与平面图相同。

（3）详图表示采暖系统节点与设备的详细构造与安装尺寸要求。平面图和系统图中表示不清，又无法用文字说明的地方，如热力引入口装置、膨胀水箱的构造与配管、管沟断面、保温结构等。如能选用国家标准图时，可不绘制详图，但要加以说明，给出标准图号，常用比例有 1:10～1:50。

（4）设计、施工说明是用文字说明设计图样无法表达的问题。如设计依据，系统形式，热媒参数，进出口压差，散热器的种类、形式及安装要求，管道管材的选择、连接方式、敷设方式，附属设备（阀门、排气装置、支架等）的选择，防腐、保温做法及要求，水压试验要求等。如果施工中还需参照有关专业施工图或采用标准集，还应在设计、施工说明中说明参阅的图号或标准图号。

3. 采暖施工图的识读

本例所用施工图为办公楼，施工图样包括一层（底层）采暖平面图（图9-51），二层（标准层）采暖平面图（图9-52），三层（顶层）采暖平面图（图9-53），采暖系统图及散热器安装节点详图（图9-54）。平面图及系统图比例均为 1:100，节点详图比例为 1:20。另配有采暖设计说明及图例（图9-55）。

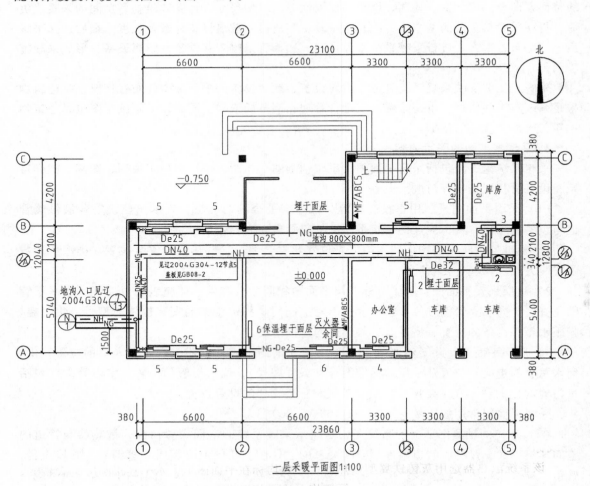

图 9-51　一层（底层）采暖平面图

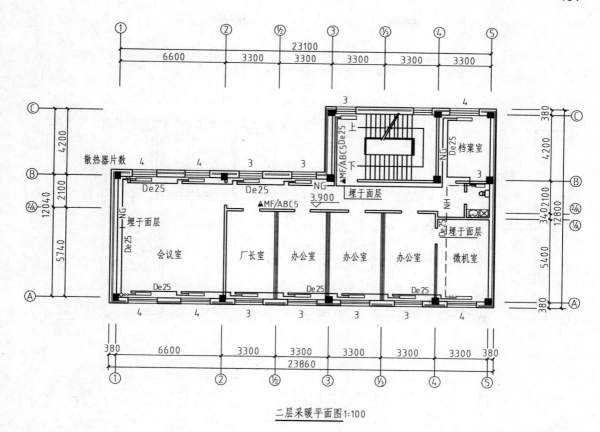

二层采暖平面图 1:100

图 9-52　二层（标准层）采暖平面图

该系统采用机械循环水平跨越式热水采暖系统，供水温度 85℃，回水温度 60℃。

热力引入口位于该办公楼西南侧，供水引入管设在距南侧内墙 1.5m 的地沟内，供水引入管与回水干管同沟敷设，垂直安装，供水引入管设计标高为 -1.7m，回水干管设计标高为 -2.0m。进入室内的供水总管沿室内地沟引向南向，在①轴线右侧垂直上升至顶层楼板下，供水总立管顶部设置自动排气阀，回水总立管设置于⑧轴线南侧，顶部也设置自动排气阀，自动排气阀前均应安装截止阀。

室内供、回水干管的设计标高均为 -0.5m，敷设于室内地沟内，地沟内的管道均应保温。供、回水干管及总立管均采用焊接钢管，管径均用公称直径 DN 表示，DN 不大于 32 时采用螺纹连接，DN 不小于 40 时采用焊接。

各层散热器与管道均采用水平跨越式连接，各散热器供水支管上均安装温控阀，自动调节进入各组散热器的流量。每层水平供水干管分南、北两个环路，环路始、末端均安装螺纹闸阀。水平供、回水管均采用 PPR（无规共聚聚丙烯）塑料管，管径用内径 De 表示。PPR 管采用热熔连接，直接埋设于面层内，施工时应预留施工槽，槽宽 100mm，槽深不小于 30mm。散热器安装完毕后应进行水压试验，试验压力为 0.6MPa。试验完毕后，应在地面上涂线标明 PPR 管的位置，以防二次装修时破坏。

该系统散热器选用灰铸铁翼型散热器，片数均标在平面图上，水平连接时每组散热器上端均安装手动放风阀，每组散热器与管道均采用同侧上进下出的连接方式。

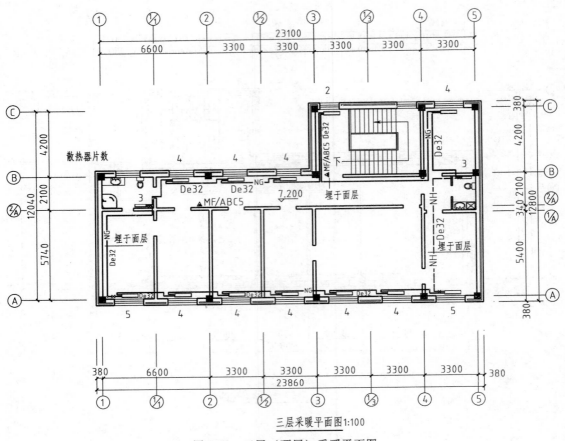

图 9-53 三层（顶层）采暖平面图

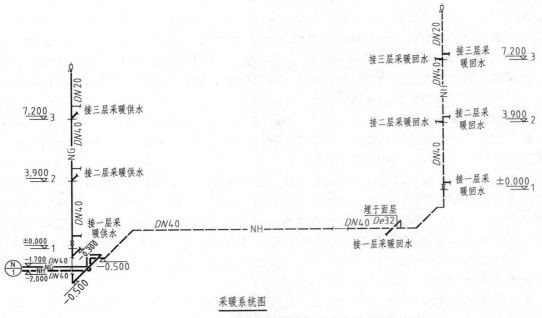

采暖系统图

图 9-54 采暖系统图及散热器安装节点详图

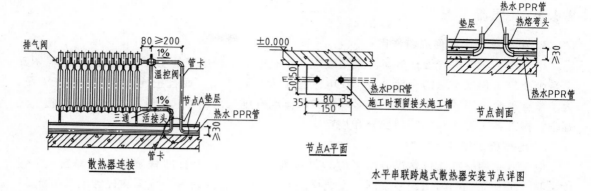

图 9-54　采暖系统图及散热器安装节点详图（续）

采暖设计说明

一、设计依据：

《采暖通风与空气调节设计规范》GB 50019—2003；《建筑给水排水及采暖工程施工质量验收规范》GB 50242—2002。

土建专业提供的设计图纸及相关要求。

二、供暖形式及参数选择：供暖形式为水平串联跨越式（带温控阀），供暖管道入户采用地沟敷设，入口装置见辽2002T901—14。供暖热媒采用 85～60℃ 温水。

三、设计参数：冬季采暖室外计算温度：−19℃，冬季室外平均风速：3.1m/s。

采暖室内计算温度：办公室、卫生间18℃；车库5℃。

本工程采用节能设计，围护结构热工计算参数：玻璃窗：$k = 2.7W/(m^2 \cdot ℃)$，屋顶：$k = 0.46W/(m^2 \cdot ℃)$，外墙：$k = 0.46W/(m^2 \cdot ℃)$，地面：$k = 0.3W/(m^2 \cdot ℃)$。

四、建筑物采暖系统的热负荷和压力损失：

$Q = 43.3kW，H = 7.0kPa$，

建筑物热负荷指标为：$57.7W/m^2$。

五、采暖管道：进户及立管为焊接钢管，其余均为 PPR 热水管，热熔连接。

PPR 热水管均采用耐压为 1.6MPa 的管材及管件。

地沟内管道保温见辽 2003T 904—4（Ⅲ）。采暖管道阀门为全铜闸阀。

散热器选用灰铸铁翼型：TY 2.8/5-7，安装见辽 2004 T902—31、32。

散热器均为内腔无粘砂。

六、管道穿墙处设钢套管，穿楼板处设钢套管，安装参见辽 2002T901—60、61。

水平管支架间距及安装见辽 2002T901—52。

七、明设管道，散热器及支架等涂防锈漆一遍，非金属涂料两遍。暗装管道涂防锈底漆两遍。散热器组对后，以及整组出场的散热器在安装之前应做水压试验。试验压力为 0.6MPa。试验完毕后，在地面涂上 PPR 管的位置。

八、采暖立管顶端设自动排气阀，室内每组散热器设手动放风门。

卫生间预留功率36W的换气扇容量。

九、采暖系统应做水压试验。系统顶点试验压力为 0.4MPa，系统最低点试验压力为 0.55MPa，在试验压力下 1h 内压力降不大于 0.05MPa，然后降至 0.16MPa 稳压 2h，压力降不大于 0.03MPa，同时各连接处不渗不漏为合格。系统冲洗完毕应充水，加热，进行试运行和调试。

十、未尽事宜，请按国标 GB 50242—2002《建筑给水排水及采暖工程施工质量验收规范》及有关的规范、规程的规定执行。

图　例

序号	管道类别	管道代号
1	采暖供水管	—— NG ——
2	采暖回水管	— — NH — —
3	焊接钢管	DN
4	PPR 塑料管	De
5	闸阀	⊠
6	温控阀	⬙
7	散热器	▭
8	自动排气阀	⌽
9	截止阀	⬥
10	固定支架	✳
11	管道翻转	—G—
12	管道标高	▽
13	坡度及坡向	0.003%

图 9-55　采暖设计说明及图例

164

9.4.3 电气施工图

1. 电气施工图的形成和作用

电气施工图是电气设计方案的集中表现，也是电气工程施工的主要依据，电气施工图又是整个建筑工程施工图的一部分，不仅电气施工人员要使用，而且土建、装饰的施工人员，为了掌握整个工程的施工情况，也必须具备阅读电气施工图的本领。这样才能在整个施工过程中，做到各工种之间的密切配合和相互协调。

2. 电气施工图图示内容

电气施工图设计文件是以分项工程为单位编制。文件由设计图样（包括图样目录，设计说明，平、立、剖面图，系统图，安装详图）、主要设备材料表、预算和计算书等组成。

（1）图样目录。先列出新绘制图样，后列出本工程选用的标准图，最后列出重复使用图。

（2）设计说明。电气施工图设计以图样为主，设计说明为辅。主要说明那些图上不易表达的，或可以用文字统一说明的问题，如工程的土建概况，工程的设计范围，工程的类别、级别（防火、防雷、防爆及负荷级别），电源概况，导线、照明器、开关及插座选型，电气保护措施，自编图形符号，施工安装要求和注意事项等。

（3）电气照明施工图。电气照明施工图一般包括平面图、系统图和安装详图。

1）平面图。电气照明平面图按楼层或按车间分别绘制。图形符号按国家标准，自编符号应在设计说明中注明。在平面图上用细实线描绘出建筑平面、室内设备、用具的轮廓，并注明房间的名称。平面图应该表示出所有照明器具、插座、开关、线路、配电盘、配电箱及其他用电设备的位置；用规定的文字标注出以上电气的安装方式、安装高度、设备容量及型号；用规定的文字标注线路的型号、截面、敷设方式、根数及辐射高度等。在平面图上还可以加注该图的施工说明和简要的设备材料表。对较复杂的工程图应绘制出局部平、剖面图。

2）系统图。电气照明系统图又称配电系统图。系统图用单线绘制，图中虚线框的范围为各配电盘、配电箱。各配电箱应标明其编号及所用的开关、熔断器等电气的规格、型号。配电干线及支线应用规定的文字符号标明导线的型号、截面、根数、敷设方式（如开关敷设，还要标明管材和管径）。对各支路应标出其回路编号、用电设备名称、设备容量及计算电流。大型工程的每个配电盘、配电箱应单独绘制其系统图。一般工程设计，可将几个系统图绘制到同一张图样上，以便查阅。小型工程或较简单的设计，可将系统图和平面图绘制到同一张图样上。

3）安装详图。安装详图又称大样图，多采用国家标准图集、各设计单位自编的图集作为选用的依据。仅对个别非标准的工程项目，才进行安装详图设计。详图的比例一般较大，且一定要结合现场情况，结合设备、构件尺寸详细绘制。

4）计算书。计算书经校审签字后，由设计单位作为技术文件归档，不外发。

5）主要设备材料表及预算。其是根据电气施工图编制的主要设备材料表和预算，并作为施工图设计文件提供给建设单位。

3. 电气施工图识读

（1）施工图样。本例所用施工图为办公楼照明工程供电系统图（图9-56），一层干线平面图（图9-57），标准层照明平面图（图9-58），标准层插座平面图（图9-59）。

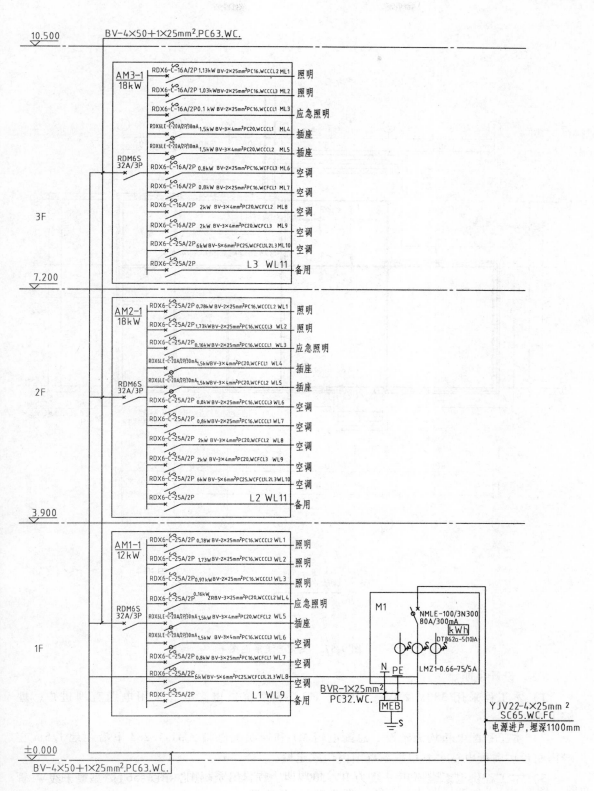

图 9-56　供电系统图

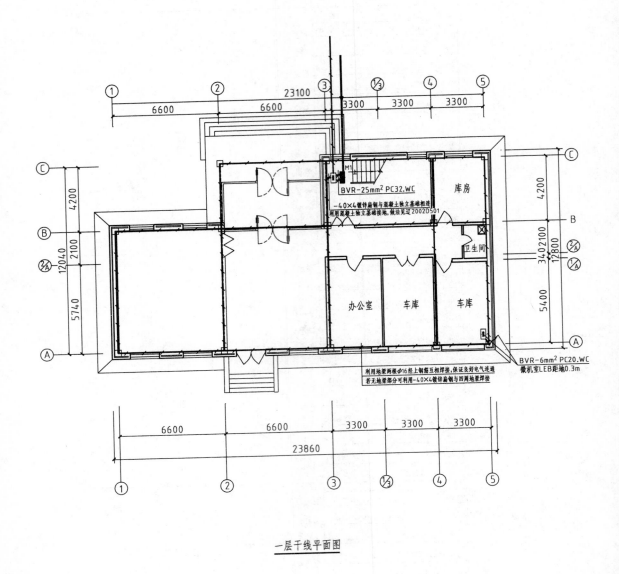

一层干线平面图

图 9-57 一层干线平面图

（2）设计说明。

1）本工程采用 380V/220V、50Hz、TN-C-S 系统供电。电源采用电缆直埋进户，埋深 1.1m。

2）本工程配电箱均为暗设，总配电箱 M1 和照明配电箱 AM1-1.2.3 下沿距地 1.5m 在墙内暗设。各配电箱尺寸根据系统图由厂家定做。

3）本工程供电系统所用导线为 BV-500V 聚氯乙烯绝缘铜芯导线穿阻燃型硬质塑料管（PC）或焊接钢管（SC）保护，沿墙内板内暗设。

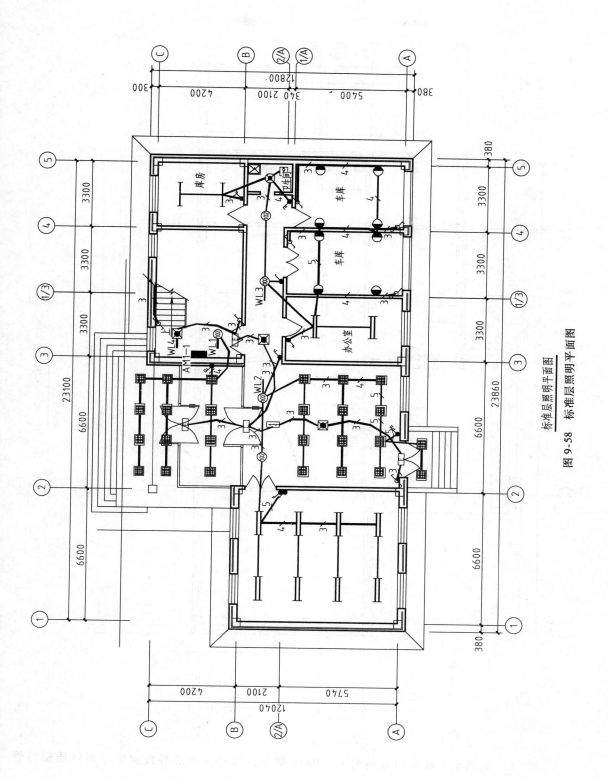

标准层照明平面图

图 9-58　标准层照明平面图

168

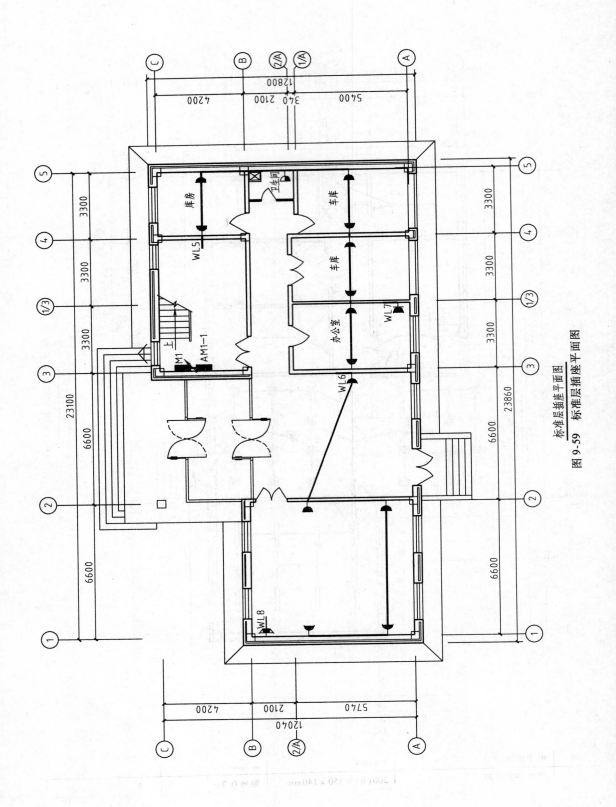

标准层插座平面图

图 9-59 标准层插座平面图

4）各办公室选用 YG2-2 型荧光灯（80W），光源显色指数 Ra 不小于 80，采用吸顶或嵌入方式安装，卫生间采用 60W 的防水灯具吸顶安装，其他位置灯具采用 60W 的吸顶灯。

5）办公室插座选用暗装单相插座（距地 0.5m）和暗装空调插座（距地 2.4m），会议室增加安装三相插座（距地 0.5m），车库、库房等选用单相插座（距地 0.5m），卫生间选用单相密闭插座（距地 1.4m）。

6）开关选用单联、双联、三联和双控开关墙内暗设，距地高度 1.3m。

7）接地及安全措施：

① 本工程接地形式为 TN-C-S，将防雷接地、保护接地共用统一的接地装置，要求接地电阻不大于 1Ω，实测不满足要求时，增设人工接地极。

② 接地极利用建筑物基础承台梁中的上、下两层钢筋中的两根直径不小于 12mm 的主筋通长焊接，并与之相交的所有独立柱内的四根直径大于 12mm 的主钢筋焊接连通。

③ 凡正常不带电，而当绝缘破坏有可能呈现电压的一切电气设备金属外壳均应可靠接地。

④ 本工程采用总等电位联结，总等电位板由紫铜板制成，总等电位箱底距地 0.3m。应将建筑物内保护干线、设备进线总管、建筑金属结构等进行联结。总等电位箱联结干线，采用一根镀锌扁钢 40mm×4mm 由基础接地极引来，并从总等电位箱引出一根 40mm×4mm 镀锌扁钢，引出室外散水 1.0m，室外埋深 0.8m。当接地电阻值不能满足要求时，在此处补打人工接地极，直至满足要求。注意要避开各单元的出入口处。总等电位联结线采用 BVR-1×25mm、PC32，总等电位联结均采用等电位卡子，禁止在金属管道上焊接。

（3）主要设备材料表设计实例，见表 9-16。

表 9-16　设备材料选用表

序号	设备材料名称	规格型号	安装方式	单位	备注
1	单联开关	86 型暗设	距地 1.3m	个	
2	双联开关	86 型暗设	距地 1.3m	个	
3	三联开关	86 型暗设	距地 1.3m	个	
4	双控开关	86 型暗设	距地 1.3m	个	
5	总配电箱 M1	暗设	距地 1.5m	个	
6	照明配电箱 AM1-1.2.3	暗设	距地 1.5m	个	
7	暗装单相密闭插座	250V.10A	距地 1.4m	个	
8	暗装单相插座	250V.10A	距地 0.5m	个	
9	暗装单相空调插座	250V.15A	距地 2.4m	个	
10	暗装三相插座	380V.25A	距地 0.5m	个	
11	防水灯	60W	吸顶或嵌入	个	
12	方形吸顶灯	60W	吸顶	个	
13	圆形吸顶灯	60W	吸顶	个	
14	荧光灯	1×40W 或 2×40W	吸顶或嵌入	个	
15	排气扇	20W/220V	嵌入	个	
16	电子感应灯	1×60W	距地 2.4m	个	
17	等电位连接箱	200(h)×350×140mm	距地 0.3m	个	
18	应急照明灯	1×40W	吸顶或嵌入	个	

本章小结

本章以一套完整的办公楼工程图为例，介绍了工程图的分类、用途、图示方法、图示内容及有关规定等。重点介绍了建筑平面图、立面图、剖面图和建筑详图的图示内容及画法，除此对结构施工图和设备施工图的分类、内容和一般规定也进行了详细的介绍。

思考题与习题

1. 房屋的组成及各部分的作用有哪些？
2. 房屋建筑工程图包括哪些内容？
3. 平面图上定位轴线及编号有什么规定？
4. 总平面图的图示内容有哪些？
5. 建筑平面图的图示内容有哪些？
6. 建筑剖面图的图示内容有哪些？
7. 建筑立面图的图示内容有哪些？
8. 什么是建筑详图？通常建筑物外墙哪些部位要做详图？
9. 楼梯详图是由哪些图样组成？各部分的内容有哪些？
10. 结构施工图由哪些部分组成？
11. 基础结构图由哪些部分组成？各部分的内容有哪些？
12. 什么是结构平面布置图？楼板平面布置图的内容有哪些？
13. 框架柱平法施工图内容有哪些？
14. 梁平法施工图的内容有哪些？
15. 建筑给水排水施工图主要由哪些部分组成？
16. 室外给水排水施工图包括哪些内容？
17. 建筑供暖工程的主要设备和布置方式有哪些？
18. 室内采暖工程平面图有哪些内容？
19. 室内采暖工程系统图有哪些内容？
20. 建筑电气工程图一般由哪几部分组成？
21. 建筑室内照明施工图的内容有哪些？

实习与实践

观察各类建筑物的组成、作用，对照施工图练习识读。

第 10 章　建筑装饰工程图

学习目标：

1. 掌握建筑装饰工程图的特点、组成及图例。
2. 掌握平面布置图的内容、画法、识读。
3. 掌握地面装饰图的内容、画法、识读。
4. 掌握顶棚平面图的内容、画法、识读。
5. 掌握立面装饰图的内容、画法、识读。
6. 掌握装饰详图的内容、画法、识读。

学习重点：

1. 平面布置图的内容、画法、识读。
2. 顶棚平面图的内容、画法、识读。
3. 立面装饰图的内容、画法、识读。
4. 装饰详图的内容、画法、识读。

学习建议：

1. 采用比较学习方法，对比建筑工程图与装饰工程图的图示内容。
2. 从时间、空间的角度，整体学习、理解各装饰工程图的相互关系。
3. 将工程和日常生活中接触的建筑装饰内容与本章内容结合起来，加深理解和记忆。

时代的发展不断拓展了建筑的使用功能，建筑的营造也发生了诸多变化。在我国现阶段，大多数民用建筑是由一批专业人员为某个出资而有权付诸实施的投资开发者而建造的。建筑建筑完成后，建筑的实际拥有者或最终使用者与投资开发者并不完全是同一对象，这就使建筑的二次设计成为必然。像这种根据房屋的建筑特点和业主的使用要求由专业建筑装饰设计人员或装饰公司在建筑工程图或房屋现场勘测图的基础上进行的二次设计，称为装饰设计，由此而编制的相应设计图样称为装饰工程图。

10.1　概述

建筑装饰工程图是用来阐明建筑室内外装饰效果和构造的基本图示语言。按装饰设计进程划分，一般分为方案设计和施工图设计两个阶段，对于建筑装饰规模比较大、建筑装饰投资比较大或建筑装饰特别复杂的工程，在方案设计中往往会增加技术设计（扩大初步设计）阶段，对于小型或技术不复杂的工程，有时只有施工图设计阶段。建筑装饰工程图作为一种图示语言，必然包含技术、法规和经济语言，我们要看懂建筑装饰工程图，必须要熟悉建筑装饰材料、建筑装饰构造等基本知识，熟悉《房屋建筑室内装饰装修制图标准》（JGJ/T

244—2011）、《房屋建筑制图统一标准》（GB/T 50001—2010）、《总图制图标准》（GB/T 50103—2010）、《建筑制图标准》（GB/T 50104—2010），《建筑工程设计文件编制深度规定》（2008 年版）等国家标准、规范。下面即以一般建筑装饰工程图常常涉及的装饰构造项目进行简要介绍。

10.1.1 建筑装饰的内容

建筑装饰工程是指为保护建筑物的主体结构、完善建筑物的使用功能和美化建筑物，采用装饰装修材料或饰物，对建筑物的内外表面及空间进行的各种处理过程。包括室内装饰和室外装饰两部分。

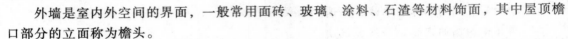

图 10-1　某建筑立面效果图

1. 室外装饰部分

室外装饰部分包含檐头、外墙、幕墙、门头等内容（图 10-1）。

外墙是室内外空间的界面，一般常用面砖、玻璃、涂料、石渣等材料饰面，其中屋顶檐口部分的立面称为檐头。

幕墙是指悬挂在建筑结构框架表面的非承重墙，它的自重及受到的风荷载是通过连接件传给建筑结构框架的。幕墙主要包括玻璃幕墙、金属幕墙、石材幕墙三大类，主要由幕墙板与固定它们的金属型材骨架系统两大部分组成。

门头是建筑物的主要出入口部分，包括雨篷、外门、门廊、台阶、花台或花池等。

门面单指商业用房，除了包括主出入口的有关内容以外，还包括招牌和橱窗。

室外装饰一般还有阳台、窗楣（窗洞口的外向面装饰）、遮阳板、栏杆、围墙、大门和其他建筑装饰小品等项目。

2. 室内装饰部分

室内装饰部分包括地面、顶棚、立面等内容（图 10-2）。

图 10-2　某客厅效果图

顶棚也称天花，是室内空间的顶界面。顶棚装饰是室内装饰的重要组成部分，它的设计常常要从审美要求、物理功能、建筑照明、设备安装、管线敷设、检修维护、防火安全等多方面综合考虑。

地面是室内空间的底界面，通常是指在普通水泥、混凝土或其他基层表面上所做的楼地面。由于家具等直接放在楼地面上，因此要求地面应具有承重和抗冲击能力；由于人经常走动，因而要求地面具有一定的弹性、防滑、隔声等能力，并便于清洁。

立面是室内空间的侧界面，包括墙（柱）面，经常处于人们的视觉直接范围内，是人们在室内接触最多的部位，因而其装饰常常要从艺术性、功能性、安全性及隐蔽性（如管线敷设）等方面综合考虑。

建筑内部在隔声或遮挡视线上有一定要求的封闭型非承重墙，到顶的称为隔墙，不到顶的室内非承重墙，称为隔断。隔断一般制作都较精致，多做成镂空花格或折叠式，有固定的也有活动的，主要起界定室内小空间的作用。

内墙装饰形式非常丰富。一般习惯将 1.5m 以上高度的，用饰面板（砖）饰面的墙面装饰形式称为护壁，护壁在 1.5m 高度以下的又称为墙裙；在墙体上凹进去一块的装修形式称为壁龛，墙面下部起保护墙脚面层作用的装饰构件称为踢脚。

室内门窗的形式很多，按材料分，窗有铝合金门窗、木门窗、塑钢门窗、钢门窗等；按开启方式分，门有平开、推拉、弹簧、转门、折叠等，窗有固定、平开、推拉、转窗等。门窗的装饰构件有：贴脸板（用来遮挡靠里皮安装的门、窗产生的缝隙）、窗台板（在窗下槛内侧安装，起保护窗台和装饰窗台面的作用）、筒子板（在门窗洞口两侧墙面和过梁底面用木板、金属、石材等材料包钉镶贴，筒子板通常又称门、窗套）。此外窗还有窗帘盒或窗帘幔杆，用来安装窗帘轨道，遮挡窗帘上部，增加装饰效果。

室内装饰部分还有楼梯踏步、楼梯栏杆（板）、壁橱和服务台（吧台）等。装饰构造名目繁多，不胜枚举，在此不一一赘述。

以上这些装饰构造的共同作用是：一方面保护主体结构，使主体结构在室内外各种环境因素作用下具有一定的耐久性；另一方面是为了满足人们的使用要求和精神要求，进一步实现建筑的使用和审美功能。

10.1.2 装饰工程图的特点

装饰工程图与建筑工程图一样，均是按国家现行建筑制图标准、规范，采用相同的材料图例，按照正投影原理绘制而成的。装饰设计与建筑设计相比，建筑设计是装饰设计的基础，装饰设计是建筑设计的继续、深化和发展；装饰设计更注重探讨人与空间环境的关系，建筑设计更注重于建筑与自然环境的关系。虽然建筑装饰工程图与建筑工程图在绘图原理和图示标识形式等方面是一致的，但由于专业分工不同，图示表达重点内容不同，二者必然存在一定的差异。因而，装饰工程图与建筑工程图相比，具有其自身的特点。

1）装饰工程图是设计师与客户的共同结晶。装饰设计直接面临的是最终用户或房间的直接使用者，他们的要求、理想都清晰地反映给设计者，有些客户还直接参与设计的每一阶段，装饰工程图必须得到他们的认可与认同。

2）装饰工程图具有易识别性。装饰工程图交流的对象不仅仅是专业人员，还包括各种非专业客户群，为了让大家读懂设计，增加沟通能力，在设计中采用的图例大都具有具象性。比如，在家具装饰图中，人们很容易分辨出床、沙发、茶几、电视、空调、桌椅，人们大都能从直观感觉中分辨出地面材质：木地面、地毯、地砖、大理石等。

3）装饰工程图涉及的范围广，图示标准不完全统一。装饰工程图不仅涉及建筑，还包括家具、机械、电气设备，不仅包括原始的建筑装饰材料，还包括成品和半成品构件。建筑、机械、设备的现行规范都在执行与遵守，这就为统一的制图规程造成了一定的难度，另外目前国内的室内设计师成长和来源渠道不同，更造就了制图规范与标准的不统一。目前，学院教育遵循的是与建筑制图有关规范和标准，正在被大众接受和普及。

4）装饰工程图涉及的做法多、选材广，必要时应提供材料样板。装饰的目的最终由界面的表观特征来表现：包括材料的色彩、纹理、图案、软硬、刚柔、质地等属性。比如，内墙抹灰根据装饰效果就有光滑、拉毛、扫毛、仿面砖、仿石材、刻痕、压印等多种效果，加上色彩和纹理的不同，最终的结果千变万化，必须提供材料样板方可操作。再例如，大理石各个产地不同、色泽不同、名称称呼不一，再加上其表面根据装饰需要进行凿毛、烧毛、亚光、镜面等加工，无样板也很难达到设计理想效果。

5）装饰工程图详图多，绘制时图示表达应恰当和适度。装饰施工图具有个案性，很多做法很难找现成的节点图进行引用，只有设计师自己画。详图太多了，就必须学会简化。怎样简化，与装饰定额的已有子项名称与编号、子项的费用可控制与接受程度、设计场所与工程间的距离、设计师与工匠及现场人员的素质、配合程度等多种因素有关，不能一概而论。一般情况是，容易满足验收规范常规做法，若用文字说明即可不画详图。

10.1.3 装饰工程图的组成

装饰工程图是在建筑各工种施工图的基础上修改、完善而成的。建筑装饰工程图由效果图、建筑装饰施工图和室内设备施工图组成。

从某种意义上讲，效果图也应该是施工图。在施工营造中，它是形象、材质、色彩、光影与氛围等艺术处理的重要依据，是建筑装饰工程所特有和必备的施工图样。它所表现出来的诱人的整体效果，不单是为了招、投标时引起甲方的好感，更是施工生产者最终应该达到的目标。

建筑装饰施工图也分基本图和详图两部分。基本图包括装饰平面图、装饰立面图（装饰剖面图），详图包括装饰构配件详图和装饰节点详图。

建筑装饰施工图也要对图样进行归纳与编排。将图样中未能详细标明或图样不易标明的内容写成施工总说明，将门、窗和图样目录归纳成表格，并将这些内容放在首页。

建筑装饰图的编排顺序原则是：表现性图样在前，技术性图样在后；装饰施工图在前，配套设备施工图在后；基本图在前，详图在后；先施工的在前，后施工的在后。

一般一套装饰施工图内容如下：封面、效果图、扉页（设计说明、图样目录）、装修表、主材表、预算估价书、平面布置图、地面材料标识图、顶棚综合图、顶棚造型及尺寸定位图、顶棚照明及电气设备定位图、所有房间立面图及各立面剖视图、节点详图、固定家具详图、移动家具选形图、陈设选择图（图片扫描）、封底。

10.1.4 装饰工程图的相关图样与建筑施工图相关图样的比较

1. 建筑施工图与装饰施工图的比较（表10-1）

2. 建筑结构施工图与装饰结构施工图的对比（表10-2）

3. 建筑设备施工图与装饰设备施工图的对比（表10-3）

表 10-1 建筑施工图与装饰施工图比较表

建筑施工图	装饰施工图
扉页	扉页
设计说明、图样目录	设计说明、图样目录
总平面图、相关表格	区位关系图、相关表格

（续）

建筑施工图	装饰施工图
平面图(各层平面图、屋顶平面图)	平面图(墙体改动图、间墙定位图、平面布置图、地面材料图、顶棚布置图等)
建筑立面图(室外立面)	立面图(室内主要造型立面)
剖面图	立面断面图
构、配件详图(楼梯、门窗等)	构、配件详图(楼梯、门窗等)
节点详图(连接部位)	节点详图(连接部位、材料过渡)
透视图(不同视角)	透视图(不同功能房间)
预算	报价书
	原始建筑平面图

表 10-2　建筑结构施工图与装饰结构施工图比较表

建筑结构施工图	装饰(结构)施工图
扉页	扉页
设计说明、图样目录	设计说明、图样目录
相关表格	相关表格
结构布置平面图(各层结构平面布置图)	结构布置平面图(结构改造平面布置图)
梁、柱断面图	梁、柱断面图
节点详图	节点详图、原始结构平面布置图

表 10-3　建筑设备施工图与装饰设备施工图比较表

建筑设备施工图(种类)	装饰设备施工图(种类)
给水排水施工图	给水排水施工图(改造或新增)
电气施工图	电气施工图(改造或新增)
暖通空调施工图	暖通空调施工图(改造或新增)
消防施工图	消防施工图(改造或新增)
电信、网络施工图	电信、网络施工图(改造或新增)

10.1.5　制图标准中装饰工程图的基本准则

为了统一房屋建筑与装饰制图规则，保证制图质量，提高制图效率，做到图面清晰、简明，符合设计、施工、审查、存档的要求，适应工程建筑的需要，国家制定了系列制图标准。建筑装饰工程图的制图和识读都必须遵循。

1. 图纸幅面及图框尺寸规格

图纸幅面及图框尺寸规格应符合现行国家标准《房屋建筑制图统一标准》 （GB/T

50001—2010）第3.1.1规定，如图10-3、图10-4所示。

尺寸代号 \ 幅面代号	A0	A1	A2	A3	A4
$b×l$	841×1189	594×841	420×594	297×420	210×297
c		10		5	
a			25		

注：1.表中 b 为幅面短边尺寸，l 为幅面长边尺寸，c 为图框线与幅面线间宽度，a 为图框线与装订边间宽度.
　　2.图中单位为mm.

图10-3　图纸幅面和图框尺寸

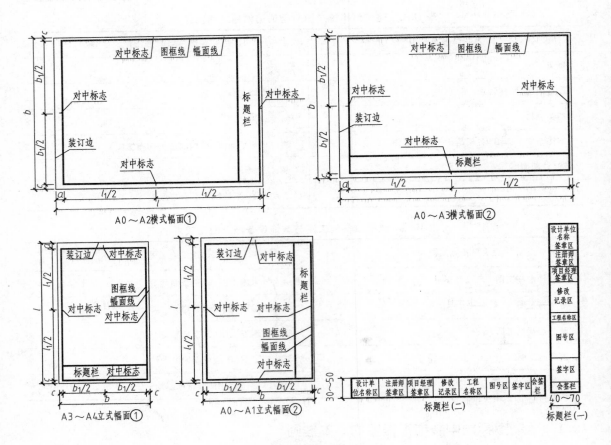

图10-4　图纸幅面布局

2. 图线、字体、比例

　　图线的宽度、字体、比例，应根据图样的复杂程度和比例，并按现行国家标准《房屋建筑制图统一标准》（GB/T 50001—2010）的有关规定选用。绘制较简单的图样时，可采用两种线宽的线宽组，其线宽比宜为 b:0.25b，如图10-5、图10-6所示。

名称		线型	线宽	用途
实线	粗	——	b	1. 平、剖面图中被剖切的主要建筑构造(包括构配件)的轮廓线 2. 建筑立面图或室内立面图的外轮廓线 3. 建筑构造详图中被剖切的主要部分的轮廓线 4. 建筑构配件详图中的外轮廓线 5. 平、立、剖面的剖切符号
实线	中粗	——	$0.7b$	1. 平、剖面图中被剖切的次要建筑构造(包括构配件)的轮廓线 2. 建筑平、立、剖面图中建筑构配件的轮廓线 3. 建筑构造详图及建筑构配件详图中的一般轮廓线
	中	——	$0.5b$	小于 $0.7b$ 的图形线、尺寸线、尺寸界限、索引符号、标高符号、详图材料做法引出线、粉刷线、保温层线、地面、墙面的高差分界线等
	细	——	$0.25b$	图例填充线、家具线、纹样线等
虚线	中粗	- - - -	$0.7b$	1. 建筑构造详图及建筑构配件不可见的轮廓线 2. 平面图中的起重机(吊车)轮廓线 3. 拟建、扩建建筑物轮廓线
	中	- - - -	$0.5b$	投影线，小于 $0.5b$ 的不可见轮廓线
	细	- - - -	$0.25b$	图例填充线、家具线等
单点长画线	粗	—·—·—	b	起重机(吊车)轨道线
	细	—·—·—	$0.25b$	中心线、对称线、定位轴线
折断线	细	—/\—	$0.25b$	部分省略表示时的断开界线
波浪线	细	～～～	$0.25b$	部分省略表示时的断开界线，曲线形构间断开界限 构造层次的断开界限

注：地平线宽可用 $1.4b$。

图 10-5　图线宽度及用途

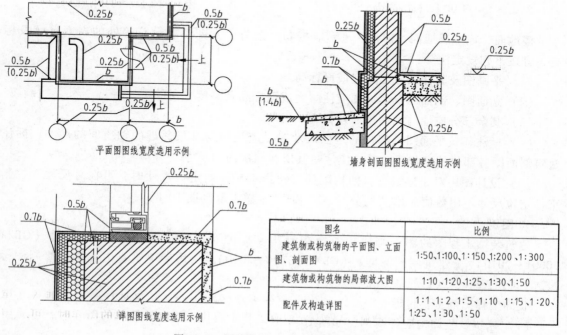

平面图图线宽度选用示例

墙身剖面图图线宽度选用示例

详图图线宽度选用示例

图名	比例
建筑物或构筑物的平面图、立面图、剖面图	1:50、1:100、1:150、1:200、1:300
建筑物或构筑物的局部放大图	1:10、1:20、1:25、1:30、1:50
配件及构造详图	1:1、1:2、1:5、1:10、1:15、1:20、1:25、1:30、1:50

图 10-6　图线宽度选用示例及图纸比例

3. 符号、尺寸标注

符号包括剖切符号、引出线、对称称号、连接符号、转角符号、标高符号等，应按现行国家标准《房屋建筑制图统一标准》（GB/T 50001—2010）的有关规定绘制。

建筑装饰工程图中，设计空间应标注标高，标高符号可采用直角等腰三角形，也可采用涂黑的三角形成90°对顶角的圆，标注顶棚标高时，也可采用 CH 符号表示（图10-7）。

尺寸可分为总尺寸、定位尺寸和细部尺寸。绘图时，应根据设计深度和图样用途确定所需注写的尺寸。装饰工程图中的符号、尺寸标注等应按现行国家标准《房屋建筑制图统一标准》（GB/T 50001—2010）的有关规定选用。

建筑物平面、立面、剖面图，宜标注室内外地坪、楼地面、地下层地面、阳台、平台、檐口、屋脊、女儿墙、雨篷、门、窗、台阶等处的标高。平屋面等不易标明建筑标高的部位可标注结构标高，并进行说明。结构找坡的平屋面，屋面标高可标注在结构板面最低点，并注明找坡坡度。有屋架的屋面，应标注屋架下弦搁置点或柱顶标高。有起重机的厂房剖面图应标注轨顶标高、屋架下弦杆件下边缘或屋面梁底、板底标高。梁式悬挂起重机宜标出轨距尺寸，并应以米（m）计。

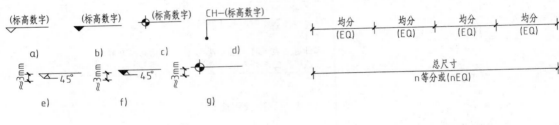

图 10-7 标高符号   图 10-8 尺寸均分标注

楼地面、地下层地面、阳台、平台、檐口、屋脊、女儿墙、台阶等处的高度尺寸及标高，宜按下列规定注写：

（1）平面图及其详图应注写完成面标高。

（2）立面图、剖面图及其详图应注写完成面标高及高度方向的尺寸。

（3）其余部分应注写毛面尺寸及标高。

（4）标注建筑平面图各部位的定位尺寸时，应注写与其最邻近的轴线间的尺寸；标注建筑剖面图各部位的定位尺寸时，应注写其所在层次内的尺寸。

（5）设计图中对于连续重复的构配件等，当不易标明定位尺寸时，可在总尺寸的控制下，定位尺寸不用数值而用"均分"或"EQ"字样表示（图10-8）。

4. 图例

建筑装饰工程图的图例画法应符合现行国家标准《房屋建筑制图统一标准》（GB/T 50001—2010）、《建筑制图标准》（GB/T 50104—2010）、《房屋建筑室内装饰装修制图标准》（JGJ/T 244—2011）等标准的规定。

装饰工程图例主要包括：

（1）建筑及装饰构配件图例，如图 10-9 所示。

（2）建筑及装饰材料图例，如图 10-10 所示。

名称	图例	名称	图例
墙体		推拉门	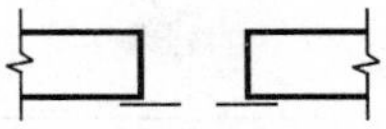
底层楼梯	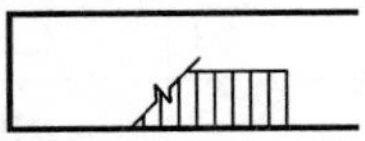	单扇双面弹簧门	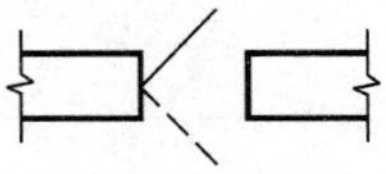
中间层楼梯	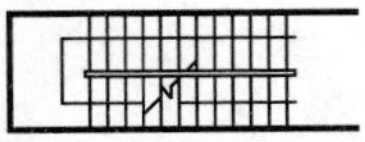	双扇双面弹簧门	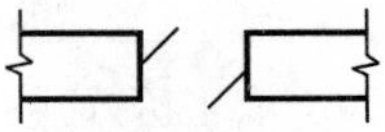
顶层楼梯	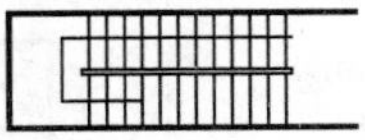	转门	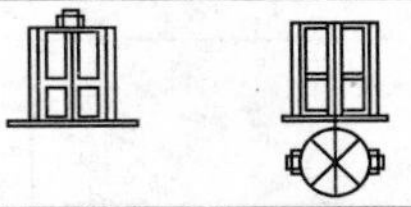
坡道	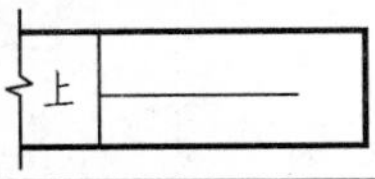 上	自动门	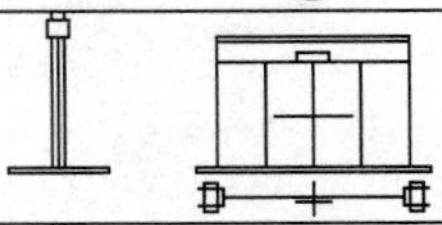
检查孔		卷帘门	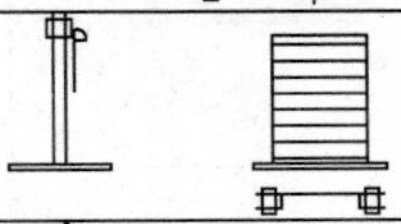
孔洞		上悬窗	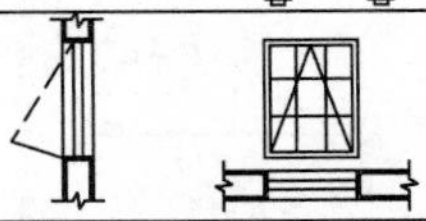
墙预留洞	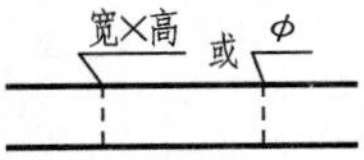 宽×高 或 φ	平开窗	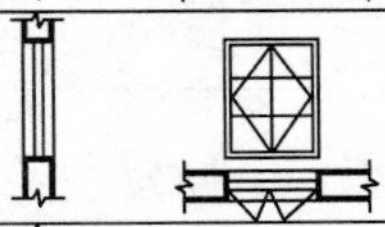
烟道	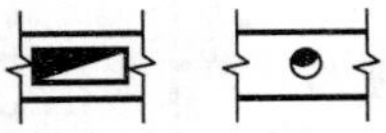	推拉窗	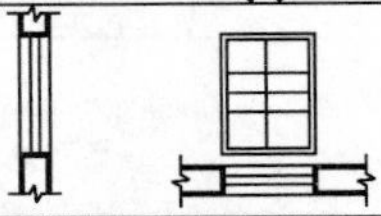
通风道	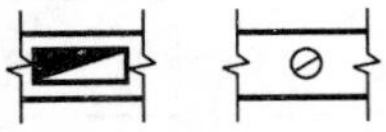	百叶窗	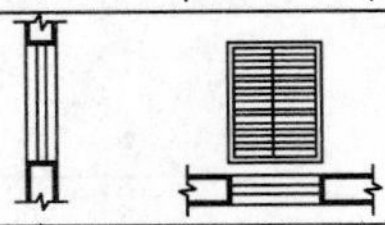
空门洞	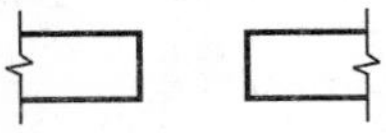	高窗	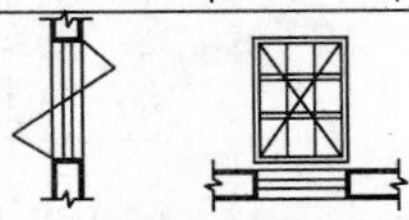
单扇门	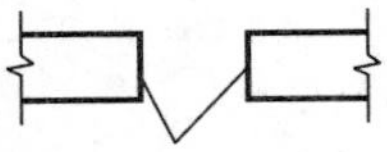	电梯	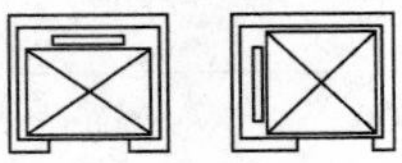
双扇门		自动扶梯	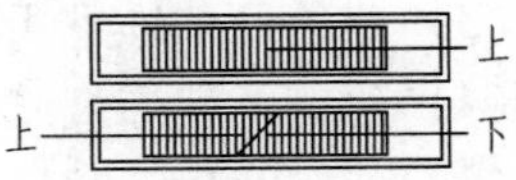 上 / 上 下
折叠门		自动人行道	 上

图 10-9　常用建筑构造及配件图例

名称	图例	名称	图例
自然土壤		纤维材料	
夯实土壤		泡沫塑料	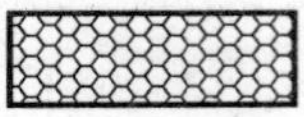
砂、灰土	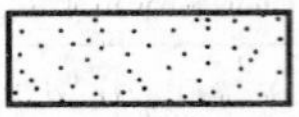	木材	
三合土	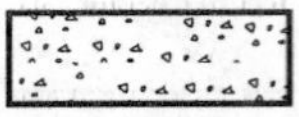	胶合板	
石材	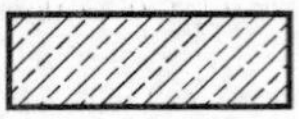	石膏板	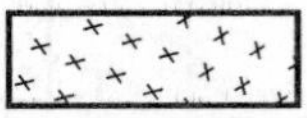
毛石	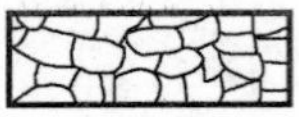	金属	
普通砖	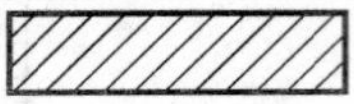	网状材料	
耐火砖	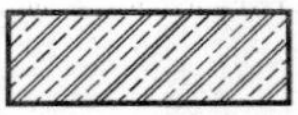	液体	
空心砖		玻璃	
饰面砖		橡胶	
焦渣、矿渣	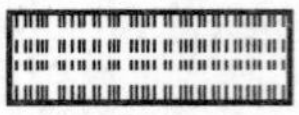	塑料	
混凝土		防水材料	
钢筋混凝土	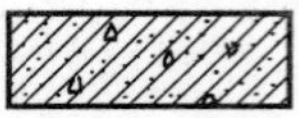	粉刷	
多孔材料		注:斜线多为45°	

图 10-10 常用建筑材料图例

（3）建筑及装饰常用家具及洁具图例，如图 10-11 所示。

（4）建筑及装饰灯光、照明及设备图例，如图 10-12 所示。

（5）建筑及装饰常用插座图例，如图 10-13 所示。

当采用本标准图例中未包括的建筑装饰图例时，可自编图例，但不得与本标准所列的图例重复，且在绘制时，应在适当位置画出该装饰图例，并应加以说明。下列情况下，可不画建筑装饰图例，但应加文字说明：

图例	名称	图例	名称
	双人床	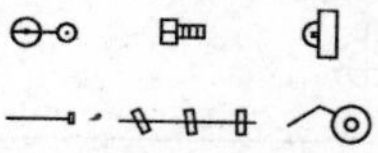	灯具
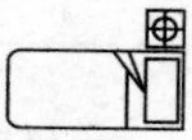	单人床及床头柜		燃气灶
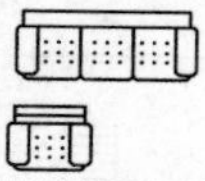	沙发		坐便器
	坐椅		小便器
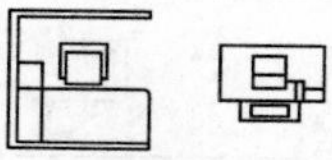	办公桌		妇女卫生盆
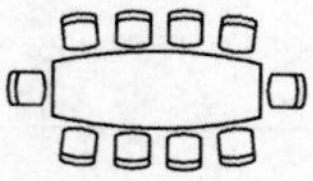	会议桌	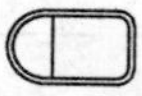	蹲式大便器
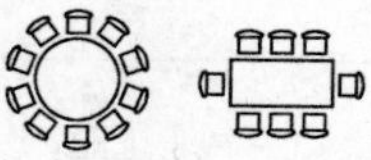	餐桌	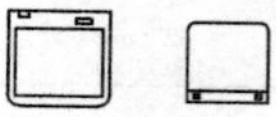	洗衣机
	茶几、花几		电冰箱
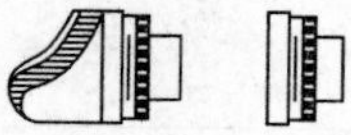	钢琴	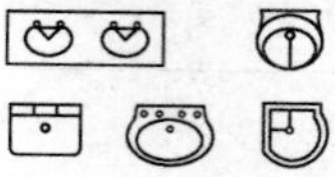	洗面盆
	计算机	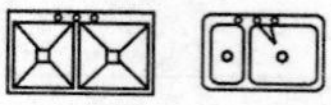	洗涤盆
	电视		浴缸
	衣柜		花草
	椅子立面	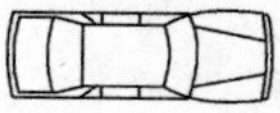	小汽车

图 10-11　部分装饰常用图例

序号	名称	图例		序号	名称	图例
1	艺术吊灯			1	通风口	(条形) / (方形)
2	吸顶灯			2	回风口	(条形) / (方形)
3	筒灯			3	侧送风、侧回风	
4	射灯			4	排气扇	
5	轨道射灯			5	风机盘管	(立式明装) / (卧式明装)
6	格栅射灯	(单头) / (双头) / (三头)		6	安全出口	EXIT
7	格栅荧光灯	(正方形) / (长方形)		7	防火卷帘	
8	暗栅灯带			8	消防自动喷淋头	
9	壁灯			9	感温探测器	
10	台灯			10	感应探测器	S
11	落地灯			11	室内消火栓	(单口) / (双口)
12	水下灯			12	扬声器	
13	踏步灯					
14	荧光灯					
15	投光灯					
16	泛光灯					
17	聚光灯					

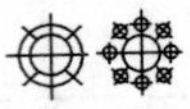

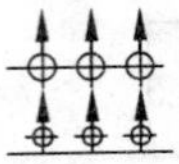

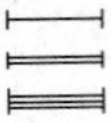

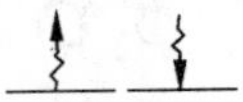

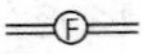

图 10-12　常用灯具及设备图例

序号	名称	图例	序号	名称	图例
1	单相二极电源插座	〃 (方框)	1	(电源)插座	〔符号〕
2	单相三极电源插座	Y	2	三个插座	〔符号〕
3	单相二、三极电源插座	Y	3	带保护极的(电源)插座	〔符号〕
4	电话、信息插座	⊡ (单孔)	4	单相二、三极电源插座	〔符号〕
		⊡⊡ (双孔)	5	带单极开关的(电源)插座	〔符号〕
5	电视插座	◎ (单孔)	6	带保护级的单级开关的(电源)插座	〔符号〕
		◎◎ (双孔)	7	信息插座	⊢□
6	地插座	⊞	8	电接线箱	⊢□
7	连接盒、接线盒	⊙	9	公用电话插座	◁
8	音响出线盒	Ⓜ	10	直线电话插座	◀
9	单联开关	▢	11	传真机插座	◀F
10	双联开关	▣	12	网络插座	◀C
11	三联开关	Ⅲ	13	有线电视插座	⊢TV
12	四联开关	Ⅳ	14	单联单控开关	〔符号〕
13	锁匙开关	▢	15	双联单控开关	〔符号〕
14	请勿打扰开关	〔符号〕	16	三联单控开关	〔符号〕
15	可调节开关	▽	17	单极限时开关	〔符号〕t
16	紧急呼叫按钮	⊡	18	双极开关	〔符号〕
			19	多位单极开关	〔符号〕
			20	双控单极开关	〔符号〕
			21	按钮	◎
			22	配电箱	▢AP

图 10-13 常用开关、插座立面、平面图例

（1）图纸内的图样只用一种图例时。

（2）图形较小无法画出建筑装饰图例时。

（3）图形较复杂，画出建筑装饰图例影响对图样理解时。

5. 图样的投影画法

建筑装饰工程图的视图，应采用位于建筑内部的视点按正投影法并用第一角画法绘制，且自 A 的投影镜像图应为顶棚平面图，自 B 的投影应为平面图，自 C、D、E、F 的投影应为立面图（图 10-14）。

顶棚平面图应采用镜像投影法绘制，其图像中纵、横轴线排列应与平面图完全一致（图 10-15）。

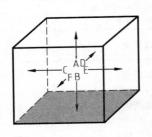

图 10-14　第一角度法

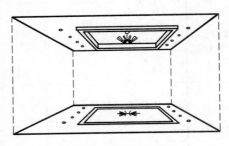

图 10-15　镜像投影图法

装饰装修界面与投影面不平行时，可用展开图表示。

10.2　建筑装饰工程图

建筑装饰工程图通常包括方案图和施工图两个阶段。装饰方案图主要包括设计说明、效果图、设计分析图、装饰平面图、装饰顶棚图、装饰立面图、主材表及陈设配饰图等，重在表达设计意图。装饰施工图是对装饰方案图的进一步深化，主要用于指导装饰施工，重在实现设计意图，因而比方案图更具有实操性、严密性、法定性，主要由设计说明、装饰平面图、装饰顶棚图、装饰立面图和装饰详图、材料样板图等几部分组成。

装饰平面图包括墙体改造图（含拆除和新建墙体）、间墙定位图、装饰平面布置图、地面材料图等；装饰顶棚图包括顶棚综合布置图、顶棚造型及尺寸定位图、顶棚照明及电气设备定位图；装饰立面图包括建筑装饰室内外各立面图样。以上三类图，均是装饰工程图的基本图，是建筑装饰施工放样、制作安装、预算备料以及绘制有关设备施工图的重要依据，是我们识读建筑装饰施工图的重点和基础（装饰项目较简单时，往往将墙体改造图、间墙定位图、装饰平面布置图、地面材料图合并画为平面布置图，顶棚布置图、顶棚造型及尺寸定位图、顶棚照明及电气设备定位图合并画在顶棚布置图上）。

10.2.1　装饰平面布置图

1. 平面布置图的形成

装饰平面布置图是假想用一个水平的剖切平面，在略高于窗台的位置，将经过内外装修后的房屋整个剖开，移去上面部分向下所作的水平投影图。它的作用主要是用来表明建筑室内外各种装饰布置的平面形状、位置、大小和所用材料，表明这些布置与建筑主体结构之间，以及各种布置之间的相互关系等。

2. 平面布置图的图示内容和图示方法

（1）建筑平面基本结构和尺寸。装饰平面布置图图示表达建筑平面图的有关内容，包括建筑平面图上由剖切引起的墙柱断面和门窗洞口、定位轴线及其编号、建筑平面结构的各部尺寸、室外台阶、雨篷、花台、阳台及室内楼梯和其他细部布置等内容。这些图像、定位轴线和尺寸，标明了建筑内部各空间的平面形状、大小、位置和组合关系，墙、柱和门窗洞口的位置、大小和数量及上述各种建筑构配件和设施的平面形状、大小和位置，是建筑装饰平面布置设计定位、定形的依据。上述内容，在无特殊要求的情况下，均应照原建筑平面图套用，具体表示方法与建筑平面图相同。剖切到的构件用粗线，看到的用细线。

当然，装饰平面布置图应突出装饰结构与布置，对建筑平面图上的内容不是丝毫不漏的完全照搬。为了使图面不过于繁杂，一般与装饰平面图示关系不大或完全没有关系的内容均应予以省略，如指北针、建筑详图的索引标志、建筑剖面图的剖切符号，以及某些大型建筑物的外包尺寸等。

（2）装饰结构的平面形式和位置。装饰平面布置图需要表明门窗和门窗套、护壁板或墙裙、隔断、装饰柱等装饰结构的平面形式和位置。

门窗的平面形式主要用图例表示，其装饰应按比例和投影关系绘制。平面布置图上应标明门窗是里装、外装还是中装等，并应注上它们各自的设计编号。

平面布置图上垂直构件的装饰形式，可用中实线画出它们的水平断面外轮廓，如门窗套、包柱、壁饰、隔断等。墙柱的一般饰面则用细实线表示。

（3）室内外配套装饰设置的平面形状和位置。装饰平面布置图还要标明室内家具、陈设、绿化、配套产品和室外水池、装饰小品等配套设置体的平面形状、数量和位置。这些布置当然不能将实物原形画在平面布置图上，只能借助一些简单、明确的图例来表示。其中，室内布置要件的外轮廓线用中粗线表示，装饰美化线用细线表示。

（4）装饰结构与配套布置的尺寸标注。为了明确装饰结构和配套布置在建筑空间内的具体位置和大小，以及与建筑结构的相互关系，平面布置图上的另一主要内容就是尺寸标注。

平面布置图的尺寸标注分外部尺寸和内部尺寸。外部尺寸一般是套用建筑平面图的轴间尺寸和门窗洞、洞间墙尺寸，而装饰结构和配套布置的尺寸主要在图样内部标注。内部尺寸一般比较零碎，直接标注在所示内容附近，但是标注时尽可能标注在统一的方向，并尽可能连续标注。若遇重复相同的内容，其尺寸可代表性地标注。

为了区别平面布置图上不同平面的上下关系，必要时应该注出标高。为了简化计算、方便施工，装饰平面布置图一般取各层室内主要地面为标高零点。

（5）装饰视图符号。为了表示室内立面图在装饰平面布置图中的位置，应在平面布置图上用内视符号注明视点位置、方向及立面编号。内视符号中的圆圈用细实线绘制，根据图面比例圆圈直径可选择 8～12mm。立面编号宜用拉丁字母或阿拉伯数字（图 10-16）。

为了表示装饰平面布置图与室内其他图的对应关系，装饰平面布置图还应标注各种视图符号，如剖切符号、索引符号、投影符号等。这些符号的标识方法均与建筑平面图相同。

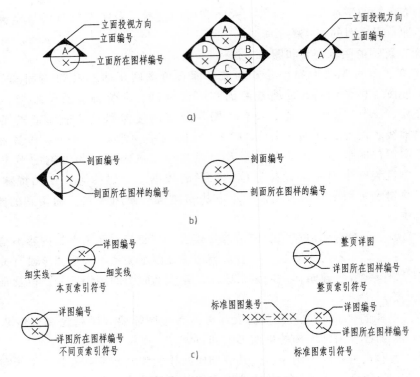

图 10-16 装饰工程图的视图符号

a）立面索引符号 b）剖切索引符号 c）详图索引符号

为了使图面的表达更为详尽周到，必要的文字说明是不可缺少的，如房间的名称、饰面材料的规格品种和颜色、工艺做法与要求、某些装饰构件与配套布置的名称等。

为了给图以总的提示，平面布置图还应有图名，图名后还应有图的比例等（图10-17）。

3. 平面布置图识读

看装饰平面布置图要先看图名、比例、标题栏，认定该图是什么平面图。以图10-17为例，该图为某家装一层平面布置图，图样绘制比例为1:100。再看建筑平面基本结构及其尺寸，把各房间名称、面积，以及门窗、走廊、楼梯等的主要位置和尺寸了解清楚。该建筑为砖混结构、局部底框，左边户型为一室（客房）两厅（客厅、餐厅）一厨一卫一阳台，右边户型为二室（客房、工人房）两厅（客厅、餐厅）一厨一卫一阳台，两边客房相邻，尺寸均为3300mm×5100mm等。最后看建筑平面结构内的装饰结构和装饰设置的平面布置等内容。

通过对各房间和其他空间主要功能的了解，明确为满足功能要求所设置的设备与设施的种类、规格和数量，以便制订相关的购买计划。如右边的客房设置了双人床、衣柜、床头柜和梳妆台等，由于本例在装修中业主为自己购买成品，家具尺度未做标注。

通过图中对装饰面的文字说明，了解各装饰面对材料规格、品种、色彩和工艺制作的要求，明确各装饰面的结构材料与饰面材料的衔接关系与固定方式，并结合饰面形状与尺寸作材料计划和施工安排计划。如厨房橱柜采用整体橱柜，拉通整个墙面。

面对众多的尺寸，要注意区分建筑尺寸和装饰尺寸。在装饰尺寸中，又要能分清其中的

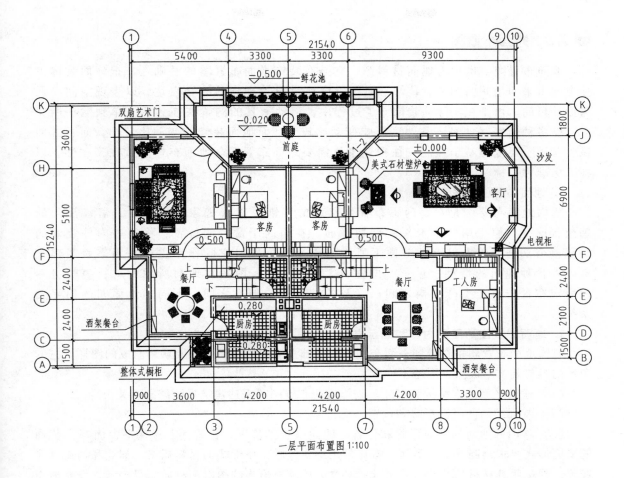

一层平面布置图 1:100

图 10-17 平面布置图

定位尺寸、外形尺寸和结构尺寸。

　　定位尺寸是确定装饰面或装饰物在平面布置图上位置的尺寸。在平面图上需两个定位尺寸才能确定一个装饰物的平面位置，其基准往往是建筑结构面。

　　外形尺寸是装饰面或装饰物的外轮廓尺寸，由此可确定装饰面或所需装饰物的平面形状与大小。

　　结构尺寸是组成装饰面和装饰物各构件及其相互关系的尺寸。由此可确定各种装饰材料的规格，以及材料之间和材料与主体结构之间的连接固定方法。

　　平面布置图上为了避免重复，同样的尺寸往往只代表性地标注一个，读图时要注意将相同的构件或部位归类。

　　通过平面布置图上的内视符号，明确视点位置、立面编号和投影方向，并进一步查出各投影方向的立面图。

　　通过平面布置图上的剖切符号，明确剖切位置及其剖视方向，进一步查阅相应的剖面图。通过平面布置图上的索引符号，明确被索引部位及详图所在位置。

　　概括起来，阅读装饰平面布置图应抓住面积、功能、装饰面、设施以及与建筑结构的关系这 5 个要点。

10.2.2　地面布置图

地面布置图，也称为地面材料图。它是在装饰平面布置图的基础上，把地面装饰单独独立出来而绘制的图样。装饰平面布置图注重设计理念的综合表达，以表现空间布局为设计目的。由于在实际的装饰施工过程中，移动家具的购置往往为业主单独购买所完成，受各种因素（如经济条件）影响变动比较大，而地面装修的变动比较小，而且其面积、费用、尺度等易于控制，往往业主更需要地面布置图。地面布置图重在工程性，以施工标准为目标。

1. 地面布置图的形成

装饰地面布置图是在室内不布置可移动的装饰要素（如家具、设备、盆栽等）的理想状况下，假想用一个水平的剖切平面，在略高于窗台的位置，将经过内外装修的房屋整个剖开，移去以上部分向下所作的水平投影图。它的作用主要是用来表明建筑室内外各种地面的造型、色彩、位置、大小、高度、图案和地面所用材料；表明房间内固定布置与建造主体结构之间，以及各种布置与地面之间、不同的地面间的相互关系等。

2. 地面布置图的图示内容和图示方法

装饰地面布置图是在装饰平面布置图的基础上去除可移动装饰元素后而成的图样，它的图示内容与装饰平面布置图基本一致。

（1）建筑平面基本结构和尺寸。装饰地面布置图需表达建筑平面图的有关内容。

（2）装饰结构的平面形式和位置。

（3）室内外地面的平面形状和位置。地面（包括楼面、台阶面、楼梯平台面等）装饰的平面形式要求绘制准确、具体，按比例用细实线画出该形式的材料规格、铺式和构造分格线等，并标明其材料品种和工艺要求，必要时应填充恰当的图案和材质实景表示。标明地面的具体标高和收口索引。构成独立的地面图案则要求必须表达完整。

（4）装饰结构与地面布置的尺寸标注。为了明确装饰结构和地面布置在建筑空间内的具体位置和大小，以及与建筑结构的相互关系，地面布置图上的另一主要内容就是尺寸标注。

地面布置图的尺寸标注分外部尺寸和内部尺寸。外部尺寸一般是套用装饰平面图的轴间尺寸和总尺寸，而装饰结构和地面布置的尺寸主要在图像内部标注。内部尺寸标注时尽可能标注在统一的方向，并尽可能连续标注。若遇重复相同的内容，其尺寸可用"EQ"标注。为了区别地面布置图上不同地面的上下关系，应该注出标高。为了简化计算、方便施工，装饰地面布置图一般取各层室内主要地面为标高零点。

地面布置图上还应标注各种视图符号，如剖切符号、索引符号等。这些符号标识方法均与装饰平面图相同。

地面布置图应有图名，图名后还应有图的比例。为了使图面的表达更为详尽周到，必要的文字说明是不可缺少的，如房间的名称、饰面材料的规格品种和颜色、工艺做法与要求、某些装饰构件与配套布置的名称等（图10-18）。

3. 地面布置图识读

看图名、比例，了解是哪个房间的地面布置，核实尺度是否具有量度性，以便尺寸不清

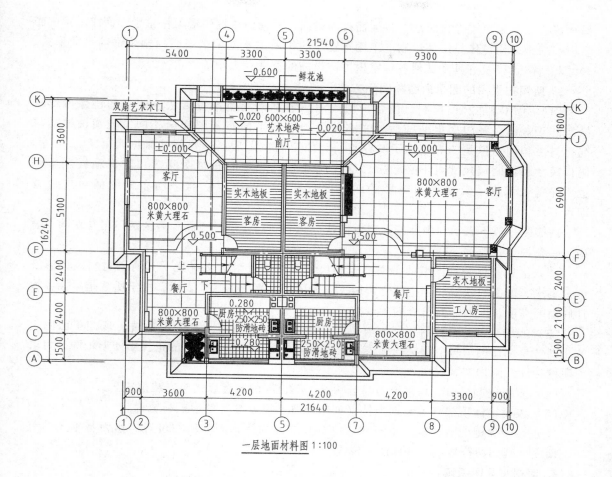

图 10-18　地面材料图

楚时，可以量度核准。以图 10-18 右边住户为例，该图为某家装地面布置图，比例为 1∶100，该图建筑尺度详细、可量度性好。

看房间内部地面装修。依次逐个地看，并列表统计。看大面材料，看工艺做法，看质地、图案、花纹、色彩、标高，看造型及起始位置，确定定位放线的可能性，实际操作的可能性，并提出施工方案和调整设计方案。客厅、餐厅等公共无水部分房间地面为 800mm × 800mm 米黄色大理石，客房、工人房地面为实木地板，卫生间、厨房、阳台等房间地面为 250mm × 250mm 防滑地砖。材料面积依据房间面积很容易计算，实木地板需要 32m² （3.3m × 5.1m + 3.3m × 4.5m）。

通过地面布置图上的剖切符号，明确剖切位置及其剖视方向，进一步查阅相应的剖面图。通过地面布置图上的索引符号，明确被索引部位及详图所在位置。

10.2.3　顶棚布置图

1. 顶棚布置图的形成

顶棚布置图有两种形成方法：一是假想房屋水平剖开后，移去下面部分向上作直接正投影而成；二是采用镜像投影法，将地面视为镜面，对镜中顶棚的形象作正投影而成。顶棚布置图一般都采用镜像投影法绘制。顶棚布置图的作用主要是用来表明顶棚装饰的平面形式、尺寸和材料，以及灯具和其他各种室内顶部设施的位置和大小等。

2. 顶棚布置图的图示内容和图示方法

（1）表明墙柱和门窗洞口位置。顶棚图一般都采用镜像投影法绘制。用镜像投影法绘制的顶棚图，其图形上的前后、左右位置与装饰平面布置图完全相同，纵横轴线的排列也与之相同。但是，在表示了墙柱断面和门窗洞口以后，仍要标注轴间尺寸和总尺寸。洞口尺寸和洞间墙尺寸可不必标出，这些尺寸可对照平面布置图阅读。定位轴线和编号也不必每轴都标，只在平面图形的四角部分标出，能确定它与平面布置图的对应位置即可。

顶棚图一般不表示门扇及其开启方向线，只表示门窗过梁底面。为区别门洞与窗洞，窗扇用一条细虚线表示。

（2）表明顶棚装饰造型的平面形式和尺寸，并通过附加文字说明其所用材料、色彩及工艺要求。顶棚的跌级变化应结合造型平面分区用标高的形式来表示，由于所注是顶棚各构件底面的高度，因而标高符号的尖端应向上。

（3）表明顶部灯具的种类、式样、规格、数量及布置形式和安装位置。顶棚平面图上的小型灯具按比例用一个细实线圆表示，大型灯具可按比例画出它的正投影外形轮廓，力求简明概括，并附加文字说明。

（4）表明空调风口、顶部消防与音响设备等设施的布置形式与安装位置。

（5）表明墙体顶部有关装饰配件（如窗帘盒、窗帘等）的形式和位置。

（6）表明顶棚剖面构造详图的剖切位置及剖面构造详图的所在位置。作为基本图的装饰剖面图，其剖切符号不在顶棚图上标注。

3. 顶棚布置图识读

首先应弄清楚顶棚图与平面布置图各部分的对应关系，核对顶棚平面图与平面布置图在基本结构和尺寸上是否相符。

对于某些有跌级变化的顶棚，要分清它的标高尺寸和线型尺寸，并结合造型平面分区，在平面上建立起三维空间的尺度概念。

通过顶棚平面图，了解顶部灯具和设备设施的规格、品种与数量。

通过顶棚平面图上的文字标注，了解顶棚所用材料的规格、品种及其施工要求。

通过顶棚平面图上的索引符号，找出详图对照着阅读，弄清楚顶棚的详细构造。

当顶棚过于复杂时，应分成顶棚布置图（图 10-19）、顶棚造型及尺寸定位图（图 10-20）、顶棚照明及电气设备定位图（图 10-21）等多种图样进行绘制。

10.2.4 装饰立面图

装饰立面图主要反映墙柱面装饰。装饰立面图包括室外装饰立面图和室内装饰立面图。

1. 装饰立面图的形成

室外装饰立面图是将建筑物经装饰后的外观形象，向铅直投影面所作的正投影图。它主要表明屋顶、檐头、外墙面、门头与门面等部位的装饰造型、装饰尺寸和饰面处理，以及室外水池、雕塑等建筑装饰小品布置等内容。

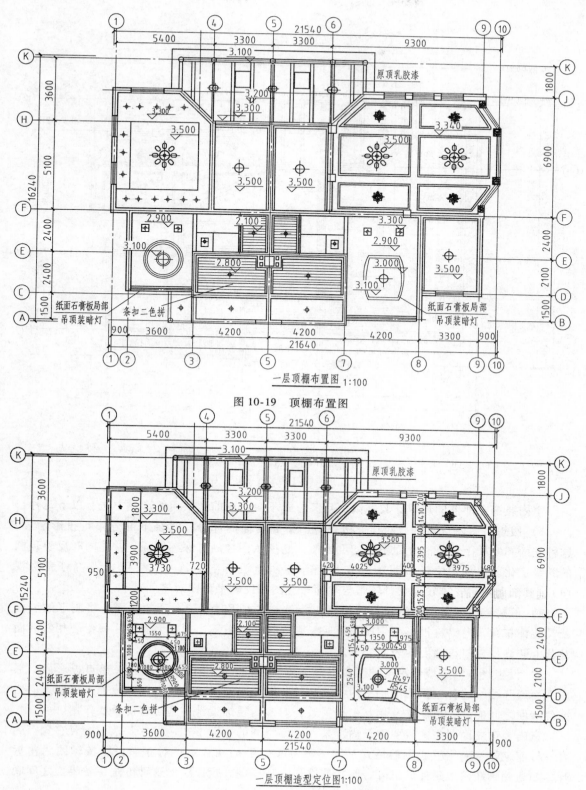

一层顶棚布置图 1:100

图 10-19　顶棚布置图

一层顶棚造型定位图 1:100

图 10-20　顶棚造型尺寸及定位图

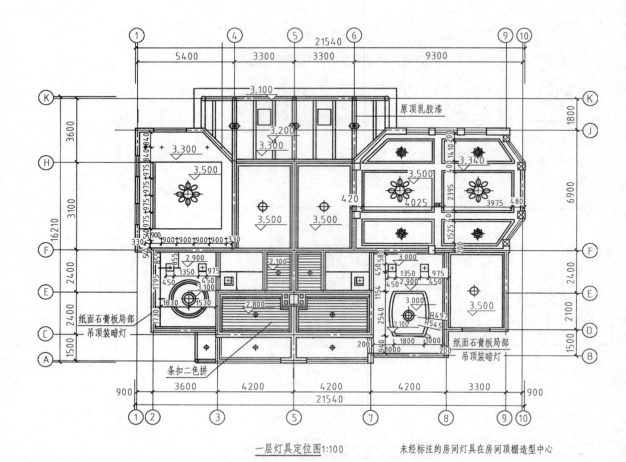

一层灯具定位图1:100   未经标注的房间灯具在房间顶棚造型中心

图 10-21　顶棚灯具尺寸及定位图

室内装饰立面图的形成比较复杂，且又形式不一。目前常采用的形成方法有以下几种：

1）假想将室内空间垂直剖开，移去剖切平面前面的部分，对余下部分作正投影而成。这种立面图实质上是带有立面图示的剖面图。它所示图像的进深感较强，并能同时反映顶棚的跌级变化。但剖切位置不明确（在平面布置图上没有剖切符号，仅用投影符号表明视向），其剖面图示安排较随意，较难与平面布置图和顶棚平面图对应。

2）假想将室内各墙面沿面与面相交处拆开，移去暂时不予图示的墙面，将剩下的墙面及其装饰布置，向铅直投影面作投影而成。则这种立面图不出现剖面图像，只出现相邻墙面及其上装饰构件与该墙面的表面交线。

3）设想将室内各墙面沿某轴阴角拆开，依次展开，直至都平行于同一铅直投影面，形成立面展开图。这种立面图能将室内各墙面的装饰效果连贯地展示在人们眼前，以便人们研究各墙面之间的统一与反差及相互衔接关系，对室内装饰设计与施工有着重要作用。

室内装饰立面图主要表明建筑内部某一装饰空间的立面形式、尺寸及室内配套布置等内容。目前，教学上比较通用的格式是第一种和第三种的结合：正对立面投影按轴线阴角拆开，如遇到轴线两边延伸到室外，则扩展墙体，变成剖面投影法。这种方法，各界面之间联系紧密，又不易漏项，因而应用较多。

2. 装饰立面图的图示内容和图示方法

室内立面图应包括投影方向可见的室内轮廓线和装修构造、门窗、构配件、墙面做法、固定家具、灯具、装饰物件等（室内立面图的顶棚轮廓线，可根据具体情况只表达吊平顶或同时表达吊平顶及结构顶棚）。具体分述如下：

图名、比例和立面图两端的定位轴线及其编号。

在装饰立面图上使用相对标高，即以室内地面为标高零点，并以此为基准来标明装饰立面图上有关部位的标高。

表明室内外立面装饰的造型和式样，并用文字说明其饰面材料的品名、规格、色彩和工艺要求。

表明室内外立面装饰造型的构造关系与尺寸。

表明各种装饰面的衔接收口形式。

表明室内外立面上各种装饰品（如壁画、壁挂、金属字等）的式样、位置和大小尺寸，并标明成品或制作方式。

表明门窗、花格、装饰隔断等设施的高度尺寸和安装尺寸。

表明室内外景园小品或其他艺术造型体的立面形状和高低错落位置尺寸。

表明室内外立面上的所用设备及其位置尺寸和规格尺寸。

表明详图所示部位及详图所在位置。标明墙身剖面图的剖切符号。

作为室内装饰立面图，还要表明家具和室内配套产品的安放位置和尺寸。表明顶棚的跌级变化和相关尺寸。

建筑装饰立面图的线型选择和建筑立面图基本相同。唯有细部描绘应注意力求概括，不得喧宾夺主，所有为增加效果的细节描绘均应以细淡线表示（图 10-22 ~ 图 10-25）。

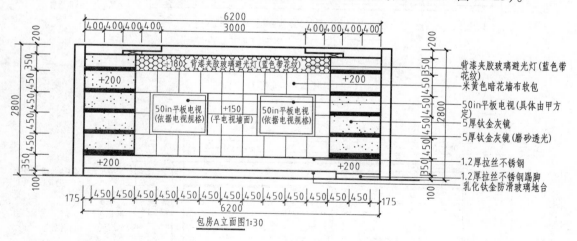

图 10-22　某 KTV 包房 A 立面图

3. 装饰立面图识读

明确建筑装饰立面图上与该工程有关的各部分尺寸和标高。

通过图中不同线型的含义，弄清楚立面上各种装饰造型的凹凸起伏变化和转折关系。弄清楚每个立面上有几种不同的装饰面，以及这些装饰面所选用的材料与施工工艺要求。

看房间内部墙面装修。依次逐个地看，并列表统计。看大面材料，看工艺做法，看质

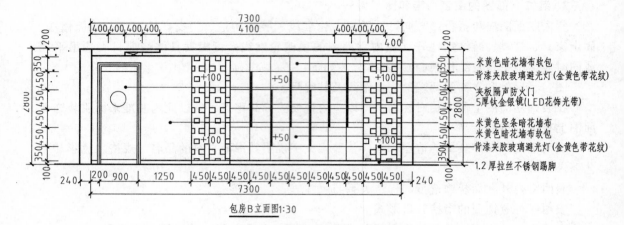

米黄色暗花墙布软包
背漆夹胶玻璃避光灯(金黄色带花纹)
夹板隔声防火门
5厚钛金银镜(LED花饰光带)
米黄色竖条暗花墙布
米黄色暗花墙布软包
背漆夹胶玻璃避光灯(金黄色带花纹)
1.2厚拉丝不锈钢踢脚

包房B立面图1:30

图 10-23 某 KTV 包房 B 立面图

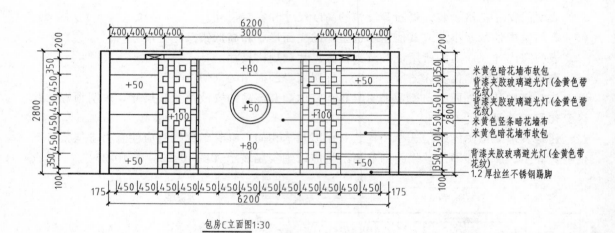

米黄色暗花墙布软包
背漆夹胶玻璃避光灯(金黄色带花纹)
背漆夹胶玻璃避光灯(金黄色带花纹)
米黄色竖条暗花墙布
米黄色暗花墙布软包
背漆夹胶玻璃避光灯(金黄色带花纹)
1.2厚拉丝不锈钢踢脚

包房C立面图1:30

图 10-24 某 KTV 包房 C 立面图

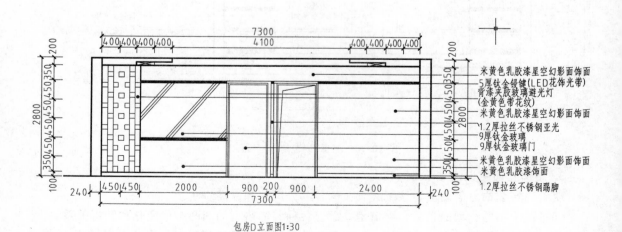

米黄色乳胶漆星空幻影面饰面
5厚钛金镀键(LED花饰光带)
背漆夹胶玻璃避光灯(金黄色带花纹)
米黄色乳胶漆星空幻影面饰面
1.2厚拉丝不锈钢亚光
9厚钛金玻璃
9厚钛金玻璃门
米黄色乳胶漆星空幻影面饰面
米黄色乳胶漆饰面
1.2厚拉丝不锈钢踢脚

包房D立面图1:30

图 10-25 某 KTV 包房 D 立面图

地、图案、花纹、色彩、标高，看造型及起始位置，确定定位放线的可能性、实际操作的可能性，并提出施工方案和调整设计方案。

立面上各装饰面之间的衔接收口较多，这些内容在立面图上表明比较概括，多在节点详图中详细表明。要注意找出这些详图，明确它们的收口方式、工艺和所用材料。

明确装饰结构之间以及装饰结构与建筑结构之间的连接固定方式，以便提前准备预埋件和紧固件。

要注意设施的安装位置、电源开关、插座的安装位置和安装方式，以便在施工中留位。

阅读室内装饰立面图时，要结合平面布置图、顶棚平面图和该室内其他立面图对照阅读，明确该室内的整体做法与要求。阅读室外装饰立面图时，要结合平面布置图和该部位的装饰剖断面图综合阅读，全面弄清楚它的构造关系（图10-22～图10-25）。

10.2.5 装饰详图

1. 装饰详图的形成与特点

装饰详图，也称大样图。它是把在装饰平面图、地面材料图、顶棚布置图、装饰立面图中无法表示清楚的部分，按比例放大、按有关正投影作图原理而形成绘制的图样。装饰详图与基本图之间有从属关系，因此设计绘制时应保持构造做法的一致性。装饰详图具有以下一些特点：

1）装饰详图的绘制比例较大，材料的表示必须符合国家有关制图标准。

2）装饰详图必须交代清楚构造层次及做法，因而尺寸标注必须准确；语言描述必须恰当，并尽可能采用通用的词汇，因而文字较多。

3）装饰细部做法很难统一，导致装饰详图多、绘图工作量大，因而，尽可能选用标准图集，对习惯做法可以只作说明。

4）装饰详图可以在详图中再套详图，因此应注意详图索引的隶属关系。

2. 装饰详图的分类与图示

1）按照装饰详图的隶属关系，装饰详图可分为功能房间大样图、房间配件大样图、节点详图等多个层次。

① 功能房间大样图。它是以整体设计中某一重要或有代表性的房间单独提取出来放大作设计图样，图示内容详尽，包含该房间的平面综合布置图、顶棚综合图以及该房间的各立面图、效果图（如宾馆设计中的标准客房详图，见图10-26和图10-27，以及家装中的客厅及主卧详图等均为此例）。

② 装饰构配件详图。建筑装饰所属的构配件项目很多。它包括各种室内配套设置体，如酒吧台、酒吧柜、服务台、售货柜和各种家具等，还包括结构上的一些装饰构件，如装饰门、门窗套、装饰隔断、花格、楼梯栏板（杆）等。这些配置体和构件受图幅和比例的限制，在基本图中无法表达精确，都要根据设计意图另行作出比例较大的图样，来详细表明它们的式样、用料、尺寸和做法，这些图样即为装饰构配件详图（图10-28为宾馆客房衣柜图）。

装饰构配件详图的主要内容有：详图符号、图名、比例，构配件的形状、详细构造、层次、详细尺寸和材料图例，构配件各部分所用材料的品名、规格、色彩以及施工做法和要求，部分尚需放大比例详示的索引符号和节点详图，也可附带轴测图或透视图表达。

196

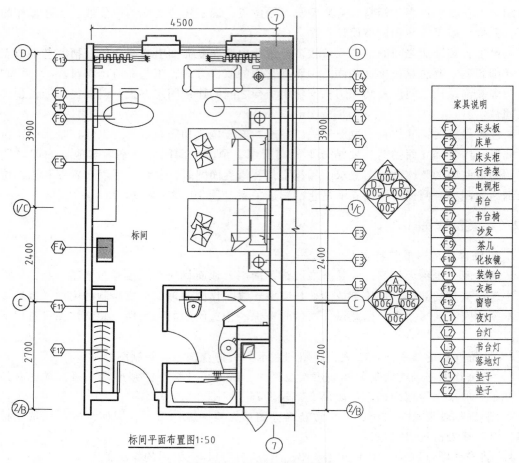

家具说明	
F1	床头板
F2	床单
F3	床头柜
F4	行李架
F5	电视柜
F6	书台
F7	书台椅
F8	沙发
F9	茶几
F10	化妆镜
F11	装饰台
F12	衣柜
F13	窗帘
L1	夜灯
L2	台灯
L3	书台灯
L4	落地灯
C1	垫子
C2	垫子

标间平面布置图1:50

图 10-26　宾馆标准间详图

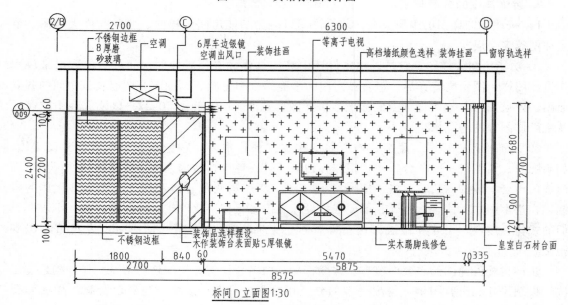

标间D立面图1:30

图 10-27　某标间 D 立面图

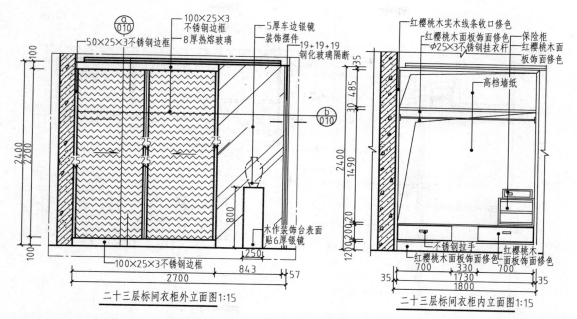

图 10-28　某标间衣柜详图

③ 装饰节点详图。它是将两个或多个装饰面的交汇点或构造的连接部位，按垂直和水平方向剖开，并以较大比例绘出的详图。它是装饰工程中最基本和最具体的施工图。它有时供构配件详图引用，有时又直接供基本图所引用，因而不能理解为节点详图仅是构配件详图的子系详图，在装饰工程图中，它与构配件详图起着同等重要作用。节点详图的比例常采用1:1、1:2、1:5、1:10，其中比例为1:1的详图又称为足尺图。节点详图虽表示的范围小，但牵涉面大，特别是有些在该工程中带有普遍意义的节点图，虽表明的是一个连接点或交汇点，却代表各个相同部位的构造做法。因此，在绘制与表达节点详图时，要做到切切实实、分毫不差，从而保证施工操作中的准确性（图 10-29 为宾馆客房衣柜节点详图）。

2）按照详图的部位分，有以下几种：

① 地面构造装饰详图。不同地面（坪）图示方法不尽相同。一般若地面（坪）做有花饰或图案时应绘出地面（坪）花饰平面图。对地面（坪）的构造则应用断面图表明，地面具体做法多用分层注释方法表明。

② 墙面构造装饰详图。一般进行软包装或硬包装的墙面绘制装修详图，构造装饰详图通常包括墙体装修立面图和墙体断面图。

③ 断面装饰详图。断面是室内设计时分隔空间的有效手段，隔断的形式、风格及材料与做法种类繁多。隔断通常可以用隔断整体效果的立面图、结构材料与做法的剖面图和节点立体图来表示。

④ 吊顶装修详图。室内吊顶也是装饰设计主要的内容，其形式也很多。一般吊顶装修详图应包括吊顶平面搁栅布置图和吊顶固定方式节点图等。

⑤ 门、窗装饰构造详图。在装饰设计中门、窗一般要进行重新装修或改建。因此门、窗构造详图是必不可少的图示内容。其表现方法包括：表示门、窗整体的立面图和表示具体材料、结构的节点断面图。

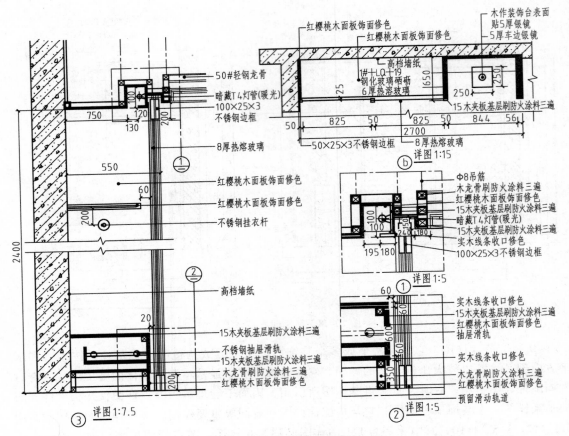

图 10-29　衣柜节点详图

⑥ 其他详图。在装饰工程设计中有许多建筑配件需要装饰处理，例如门、窗及扶手、栏板、栏杆等部位如做重点装饰时，在平、立面上是很难表达清楚的，因此将需要进一步表达的部位另画大样图。这就是建筑配件装饰大样图。

在装饰工程部件大样图中，除了对建筑配件进行装饰外，还有一些装饰部件，如墙面、顶棚的装饰浮雕，通风口的通风箅子，栏杆的图案构件及彩画装饰等，设计人员常用 1:1 的比例画出它的实际尺寸图样，并在图中画出局部断面形式，以利于施工。这种样图主要用于高级装修中要求具有一定风格的点装饰工程中。目前，装饰材料市场上，已有木制的、金属的、石膏的、玻璃钢的等多种装饰部件，只要选用得当，就可以直接用在装饰工程设计中，在常规的装饰工程中就不必再画出这样的大样图了。

3. 装饰详图的识读

装饰详图总是由基本图引申而来的，因此，看详图时首先应看出处，看它由哪个部位引申而来，具体表达哪个部位的某种关系。

其次看该详图的系统组成。该详图是一个房间的详图、一个家具的详图，还是一个剖断详图，或者仅仅是一个节点详图。了解和分清它的从属关系。

第三看图名和比例，了解详图的具体概况。以做到基本的构造法则准确，以及可能的做法对比。

第四看构造详图的构造做法、构造层次、构造说明及构造尺度。读图时先看层次，再看说明、尺寸及做法。

下面以一些实例来说明装饰详图的读法。

（1）装饰门详图。门详图通常由立面图、节点剖面详图及技术说明等组成。一般门、窗多是标准构件，有标准图供套用，不必另画详图。由于有一定要求的装饰门不是定型设计，故需要另画详图。如图 10-30 所示，以 M3 门为例，识读如下：

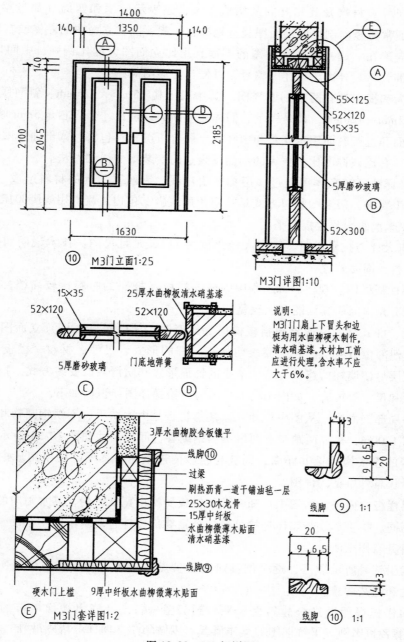

图 10-30　M3 门详图

1）看门立面图。门立面图规定画它的外立面，并用细斜线画出门扇的开启方向线。两斜线的交点表示装门铰链的一侧，斜线为实线表示向外开，斜线为虚线表示向内开。由于门的开启方式一般在平面布置图上已表明，故不需重复画出。

门立面图上的尺寸一般应注出洞口尺寸和门框外沿尺寸。本例图门框上槛包在门套之内，因而只注出洞口尺寸、门套尺寸和门立面总尺寸。

2）看节点剖面详图。门详图都画有不同部位的局部剖面节点详图，以表示门框和门扇的断面形状、尺寸、材料及其相互间的构造关系，还表示门框和四周（如过梁、墙身等）的构造关系。通常将竖向剖切的剖面图竖直地连在一起，画在立面图的左侧或右侧，横向剖切的剖面图横向连在一起，画在立面图的下面，用比立面图大的比例画，中间用折断线断开，省略相同部分，并分别注写详图编号，以便与立面图对照。

本例图竖向和横向都有两个剖面详图。其中门上槛 55mm × 125mm、斜面压条 15mm × 35mm、边框 52mm × 120mm，都是表示它们的矩形断面外围尺寸。门芯是 5mm 厚磨砂玻璃，门洞口两侧墙面和过梁底面用木龙骨和中纤板、胶合板等材料包钉。Ⓐ剖面详图右上角的索引符号表明，还有比该详图比例更大的剖面图表达门套装饰的详细做法。

3）看门套详图。门套详图通过多层构造引出线，表明了门套的材料组成、分层做法、饰面处理及施工要求。门套的收口方式是：阳角用线脚⑨包边，侧沿用线脚⑩压边，中纤板的断面用 3mm 厚水曲柳胶合板镶平。

4）看线脚大样与技术说明。线脚大样比例为 1:1，是足尺图。技术说明明确了上下冒头和边挺的用料及饰面处理。

（2）楼梯栏板详图。现代装饰工程中的楼梯栏板（杆）的材料比较高档，工艺制作精美，节点构造讲究，因而其详图也比较复杂。

楼梯栏板（杆）详图，通常包括楼梯局部剖面图、顶层栏板（杆）立面图、扶手大样图、踏步和其他部位节点图。它主要表明栏板、杆的形式、尺寸、材料，栏板（杆）与扶手、踏步、顶层尽端墙柱的连接构造，踏步的饰面形式和防滑条的安装方式，扶手和其他构件的断面形状和尺寸等内容，如图 10-31 所示为某楼梯详图，识读如下。

先看楼梯局部剖面图。从图中可知，该楼梯栏板是由木扶手、不锈钢圆管和钢化玻璃所组成。栏板高 1.00m，每隔两踏步有两根不锈钢圆管，间隔尺寸如图 10-31 所示。钢化玻璃与不锈钢圆管的连接构造见Ⓑ详图，圆管与踏步的连接见Ⓒ详图。扶手用琥珀黄硝基漆饰面，其断面形状与材质见Ⓐ详图。

再看顶层栏板立面图。从图中可知，顶层栏板受梯口宽度影响，其水平向的构造分格尺寸与斜梯段不同。扶手尽端与墙体连接处是一个重要部位，它要求牢固不松动，具体连接方法及所用材料见Ⓓ详图所示。

然后按索引符号所示顺序，逐个阅读研究各节点大样图。弄清楚各细部所用材料、尺寸、构造做法和工艺要求。

阅读楼梯栏板详图应结合建筑楼梯平、剖面图进行。计算出楼梯栏板的全长（延长米），以便安排材料计划与施工计划。对其中与主体结构连接部位，看清楚固定方式，在施工中按图示位置安放预埋件。

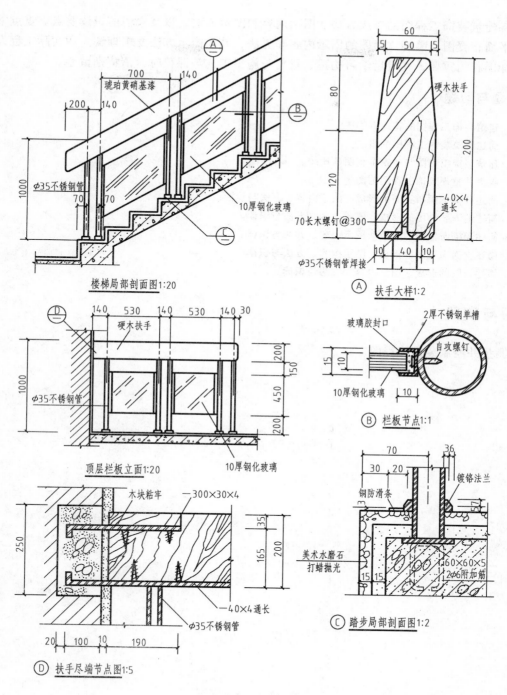

图 10-31　某楼梯详图

本章小结

　　本章以建筑装饰工程图的组成为线索，以建筑装饰工程图和建筑工程图作对比，重点讲述了各建筑装饰工程图的形成方法、图示内容和图示方法，以及它们的识读要点。重点掌握装饰平面布置图、装饰立面图的图示内容和方法，其他图示方法要求理解。在实际工程设计中，详图相当重要，在以后学习构造、材料与施工工艺等课程时，请特别留心。

思考题与习题

1. 建筑装饰工程图的特点有哪些？
2. 简述建筑装饰工程图的组成。
3. 建筑装饰工程图与建筑工程图的比较。
4. 收集并整理装饰工程图的图例。
5. 简述装饰平面布置图的形成、图示内容、方法与识读。
6. 简述地面装饰图的形成、图示内容、方法与识读。
7. 简述顶棚布置图的形成、图示内容、方法与识读。
8. 简述立面布置图的形成、图示内容、方法与识读。
9. 简述详图的形成、图示内容、方法与识读。

实习与实践

测量并绘制装饰工程图。

第11章 阴影与透视

学习目标：

1. 掌握阴影的基本知识，理解点、直线、平面的落影原理。
2. 掌握点、直线、平面图形的阴影的规律及作图方法。
3. 掌握立体阴线的判别，重点掌握建筑形体立面阴影的作图。
4. 建立透视的基本概念，理解术语，掌握画面平行线、画面相交线的透视规律。
5. 熟练掌握用视线法作一点透视、两点透视，掌握透视的辅助作图法。

学习重点：

1. 点、直线、平面图形的阴影的规律及作图方法。
2. 建筑形体立面阴影的作图。
3. 各种画面平行线、画面相交线的透视规律。
4. 视线法作建筑形体的一点透视、两点透视，透视辅助作图法。

学习建议：

1. 从点、直线入手，学习掌握阴影与透视的投影规律。
2. 通过学习各种直线阴影的作图规律，掌握建筑形体立面阴影的作图。
3. 通过学习画面平行线、画面相交线的透视规律，掌握建筑形体的一点透视、两点透视，在熟练掌握视线法作图的基础上，学会透视图的辅助作图。

11.1 求阴影的基本方法

11.1.1 阴影的概念

建筑物存在于自然界中，会受到光线照射，有光线的地方就会产生阴影。在投影图中加绘阴影，可以丰富投影图的表现力，增强建筑的立体效果，如图 11-1 所示，为建筑立面图上加绘阴影后的效果。阴影一般用于建筑表现图上，特别是在建筑装饰专业中，应用较为广泛。

物体在光的照射下，直接受光的表面，称为阳面；另一部分不受光（背光）的表面，称为阴面。阳面与阴面的交线，称为阴线。阴影是由于光线被物体所遮挡而产生的，所以产生阴影的三个要素是：光线、物体、承影面，如图 11-2 所示。

本章将讨论平行光线所产生的阴影。为使作图方便，在正投影中加绘阴影时所用光线方向为：立方体自左、前、上方指向右、后、下方的对角线方向，如图 11-3 所示，此平行光

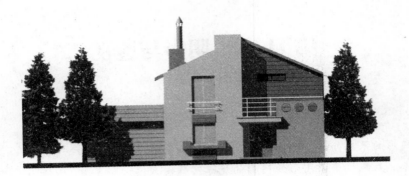

图 11-1 立面图上加绘阴影的效果

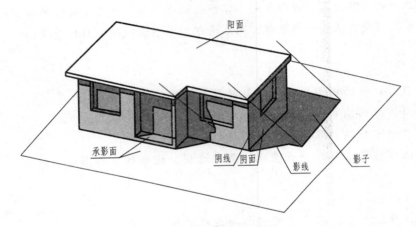

图 11-2 阴影的形成

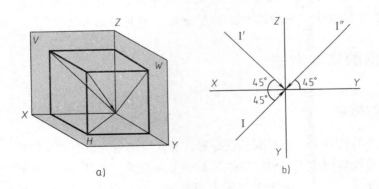

a)   b)

图 11-3 常用光线

a) 空间状况　b) 投影图

线称为常用光线。

11.1.2 点和直线的落影

求形体的落影就是求阴线的落影，阴线由直线或曲线构成，而构成线的元素为点。

1. 点的落影

空间一点在某承影面上的落影仍为一点，其实质是通过该点的光线与承影面的交点。

当空间点 A 在承影面 P 上方，如图 11-4 所示，在光线 L 照射下，落在 P 上的影子为 A_0。A_0 实际上为通过点 A 的光线与承影面 P 的交点。

点在承影面上，其落影即为该点本身。如图 11-4 中的点 B，因在 P 面上，其落影 B_0 与点 B 本身重合。

点在承影面下方，如图 11-4 中的点 C，实际上，点 C 不可能在 P 面上落下影子。现假设通过点 C 有一光线，与 P 面相交于一点 $\overline{C}_0$，视为点 C 的落影，称为假影。

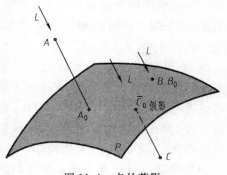

图 11-4　点的落影

（1）点在投影面上的落影。当承影面为投影面时，点的落影即为通过该点的光线迹点（直线或光线与投影面的交点，称为直线或光线的迹点）。其空间状况如图 11-5a 所示。

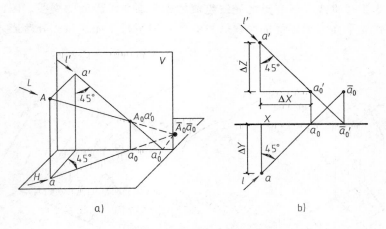

图 11-5　点在投影面上的落影

如图 11-5a 所示，落影 A_0 的 V 面的投影 a_0' 与 A_0 重合，H 面投影 a_0 则位于 OX 轴上，a_0、a_0' 分别位于光线 L 的投影 l、l' 上。因此，如图 11-5b 所示，在投影图中分别过点 A 的投影 a、a' 作与 X 轴成 45°夹角的直线，该直线即为过点 A 的光线 L 的两面投影 l、l'。光线 L 的 H 面投影 l 与 OX 轴相交，交点为 a_0，即是落影 A_0 的 H 面投影，由此竖直向上作投影连线，该线与 l' 的交点 a_0'，也就是点 A 在投影面 V 上的落影 a_0'。

分析图 11-5b 可以看出，由于光线的投影与投影轴的夹角为 45°，则图中有三段距离相等（$\Delta X = \Delta Y = \Delta Z$）。

将上述落影规律归纳为：空间点在某投影面上（或平行面）的落影，与其同面投影之间的水平及垂直距离，都等于空间点到该投影面的距离。

（2）点在投影面垂直面上的落影。一点落于垂直于投影面的承影面上的影子，可利用承影面的积聚性投影来作图。

在图 11-6a 中，承影面 P 是一正垂面，其 V 面投影 p' 有积聚性。空间点 A 在 P 面上的落影 A_p，其 V 面投影 a'_p，必积聚在 p' 上，且位于通过点 A 的光线 L 的 V 面投影 l' 上。p' 与 l' 的交点，即是落影 A_p 的 V 面投影 a'_p，由 a'_p 作投影连线与 l 相交，即得 A_p 的 H 面的投影 a_p。

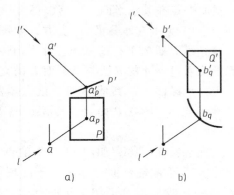

图 11-6b 图中，承影面 Q 为一铅垂柱面，其 H 面投影有积聚性。求点 B 在柱面上的落影 B_q，先过点 B 作光线 L（l、l'），L 与 q 的交点 b_q，就是 B_q 在 H 面上的投影，由 b_q 作投影连线与 l' 相交，得 b'_q，就是 B_q 的 V 面投影。

（3）点在一般位置平面上的落影。当承影面是一般位置平面时，其投影没积聚性，故求空间

图 11-6　点在投影面垂直面上的落影

点落影的方法，就是应用投影基础知识中求一般位置直线与一般位置平面交点的方法，如图 11-7 所示。由此可见，投影基础知识是以后解决落影问题的关键。

2. 直线的落影

直线的落影是过直线上所有点的光线组成的光平面与承影面的交线。因此，求直线的落影的实质是求作光平面与承影面的交线。只有当直线平行于光线时，其落影才成为一点，如图 11-8 所示。

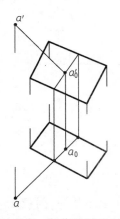

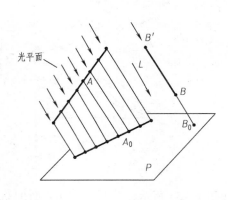

图 11-7　点在一般位置平面上的落影

图 11-8　直线的落影

（1）直线在平面上的落影。求作直线线段在某承影面上的落影，只要作出直线上两端点（或任意两点）的落影，连接直线，即得直线的落影，如图 11-9 所示。

（2）直线落影的规律。随着直线的数量、承影面数量、承影面形状的变化，仅按点的落影的作图方法求解直线的落影，作图过程必然十分繁琐，分析直线与承影面在空间的相对位置，可得直线落影的规律如下：

1）直线平行于承影面，则直线的落影与该直线平行且等长。

如图 11-10 所示，直线 AB 与铅垂面 P 平行，直线在 P 面上的落影 A_pB_p 必然平行于 AB 本身（$A_pB_p /\!/ AB$），并与 AB 等长（$A_pB_p = AB$）。因此，它们的同面投影必然平行且等长。作图时只需求出直线上一个端点 A 的落影 A_p，即可解决求直线落影的问题。

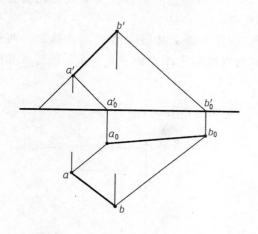

图 11-9　直线的落影

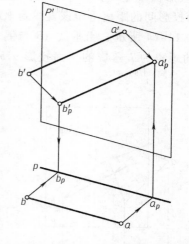

图 11-10　直线与承影面平行时的落影

2）两直线互相平行，则它们在同一承影面上的落影仍互相平行。

如图 11-11 所示，直线 $AB/\!/CD$，它们在 P 面上的落影 A_pB_p 和 C_pD_p 必然互相平行。因此，它们的同面投影一定互相平行。作图时，当求出 AB 的落影 $a_p'b_p'$ 后，CD 的落影只需求出一个端点的落影 c_p'，作 $a_p'b_p'$ 落影的平行线即可。

3）直线与承影面相交，则直线的落影必通过该直线与承影面的交点。

如图 11-12 所示，直线 AB 与承影面 P 相交于 C 点。其落影 c_p 与该点 C 本身重合。此时只需再求作直线上一点的落影即可求出 AB 直线的落影。反之，在已知直线落影的前提下，也可求出直线与承影面的交点，具体作法如图 11-12 所示。

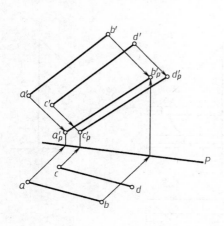

图 11-11　平行两直线的落影

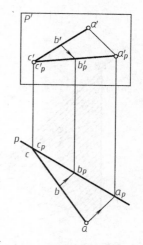

图 11-12　直线与承影面相交

4）相交两直线在同一承影面上的落影必然相交，其交点的落影必为直线落影的交点。

如图 11-13 所示，直线 AB 和 CD 相交于点 K。作图时，首先求出交点 K 的落影 K_p（k_p、k_p'），然后，在那两条直线上各求出一个端点的落影，连线后即得两相交直线的落影。

5）投影面垂直线在所平行的投影面或投影面平行面上的落影，与直线的同面投影平行，且两投影间的距离等于该直线到承影面的距离。

如图 11-14 所示，铅垂线 AB 与侧垂线 BC 在正平面 P（或 V 面）上的落影。两直线与 P 面的距离为 L 落影的 V 面投影 $a_p'b_p'$、$b_p'c_p'$ 与直线的 V 面投影 a_pb_p、a_pc_p 平行，其间距等于 L。

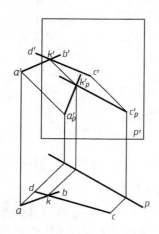
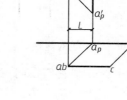

图 11-13　相交两直线的落影　　　　　　　图 11-14　垂直线在投影面或平行面上的落影

6）投影面垂直线在任意承影面上的落影，在直线所垂直的投影面上的投影均为与光线方向一致的 45°直线；落影在另外两投影面上的投影，互成对称形。例如，铅垂线在任意面上落影的水平投影为 45°直线，正垂线在任意面上落影的正面投影为 45°直线等（图 11-15）。

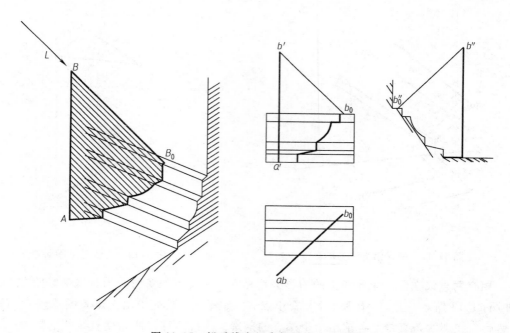

图 11-15　铅垂线在组合侧垂线上的落影

图 11-16 为一侧垂线落于 H 面垂直面组成的墙面上的落影。直线在承影面组上的落影，是过该直线作光平面与承影面相交而获得的。所以交线（即落影）均在同一光平面内，而该光平面为一侧垂面，所以落影的 W 面投影是 45°的直线。如图 11-16 所示，落影的 V 面投影与承影面组的 H 面投影重合（积聚在一起），则该落影的 V 面投影与承影面有积聚性的 H 面投影成对称形状，反映了墙面的转折形状，可使作图时有规律而方便。

上述直线落影的各项规律，必须深刻理解，融会贯通，这将有助于正确而迅速地求作建筑设计图中的阴影。

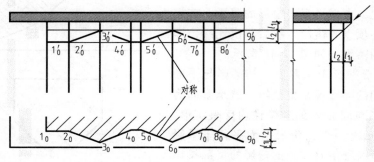

图 11-16　侧垂线在一组铅垂面上的落影

11.1.3　平面图形的阴影

平面图形影子的落影轮廓线（影线），是平面图形边线的影子。

1. 平面图形的阴面与阳面

绘制正投影图中的阴影时，常利用阴阳面的不同，来解决平面或形体的落影问题。

在投影图中判断平面的阴阳面，必根据平面与光线的位置关系。

当平面图形为投影的垂直面时，可利用积聚投影与光线的同面投影的位置关系，比较直观地得出结论。

图 11-17a 所示为一组正垂面，其 V 面投影均积聚成直线。利用积聚性投影对水平线的

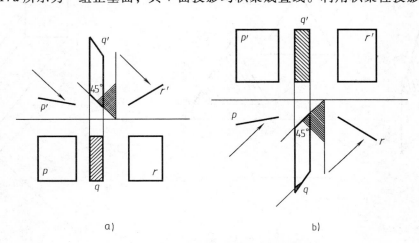

图 11-17　判别投影的垂直面的阴阳面

夹角大小来判断其 H 面投影是阴面投影，还是阳面投影。如图中 Q 平面，当有积聚性投影与水平线的夹角在图中 45°阴影范围内时，光线照在 Q 面的左下侧面，这就成为 Q 面的阳面，自上向下作 H 面投影，投影表现为阴面的投影。

当平面图形处于一般位置时，其阴阳面的判断较复杂，这里不再讨论。

阴面落影以及它们的投影，可以涂淡色、用细密点线或等距离的平行细线来表示。这种平行细线称为阴影线。

2. 平面图形的落影规律

1）平面多边形的影线，是多边形各边线落影的组合。因此，求作平面多边形的落影，首先是作出多边形各顶点的落影，然后顺次连线，即得平面多边形的落影，如图 11-18 所示。

2）平面图形平行于承影面，其落影与平面图形全等，它们的同面投影也全等。若承影面为投影面，则投影与同面落影全等且均反映实形。如图 11-19a 所示，一个三角形平面平行于承影面 P，故三角形以及在 P 面上的落影的 V 面投影全等，但均不反映三角形平面的实形。作图时，只需作出任意一个顶点的落影，然后过此点作三角形正面投影的全等形即可。如图 11-19b 所示，承影面为 V 面，此时三角形及其落影的正面投影均反映实形。

3）平面图形与光线平行，则在任何承影面上的落影成一直线，平面图形的两面均为阴面。

图 11-20 所示四边形平面为一平行于光线的铅垂面，这时光线只能照到四边形朝向光线

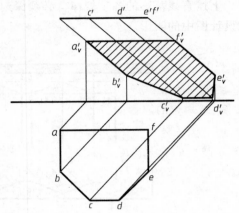

图 11-18　平面多边形在投影面上的落影

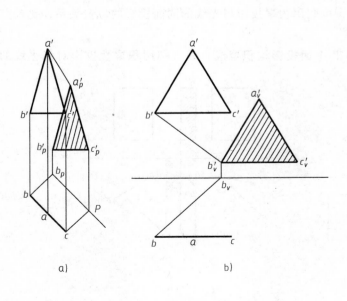
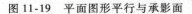

图 11-19　平面图形平行与承影面

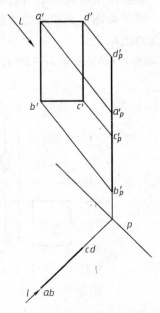

图 11-20　平面图形平行与光线

的边线上。所以两个侧面均不受光，而为阴面。通过平面边线的光线，形成一个与该平面重合的光平面，故在承影面 P 上的落影是一直线。

11.1.4　平面立体的阴影

作立体的阴影首先应通过投影图了解立体的形状、相对位置等。然后，根据立体各表面与光线的相对位置关系，确定立体的阴面和阳面。平面立体受光的棱面，组成立体的阳面；背光的棱面，组成立体的阴面。阴面与阳面相交的凸棱线，称为立体的阴线。

立体落影的轮廓线——影线，即是阴线在承影面上的落影。所以求作立体阴影的问题，归结为求其阴线的落影。

解决立体落影问题的分析作图方法，基本上是前述各种落影规律和作图方法的应用。

1. 基本体的阴影

（1）棱柱体的阴影。图 11-21a 所示四棱柱有六个表面，均为投影面平行面，在光线照射下，四棱柱的上底面、正面和左侧面是阳面；下底面、背面和右侧面为阴面，它们的分界线 $ABCGJEA$ 即是阴线，是一封闭的空间折线。

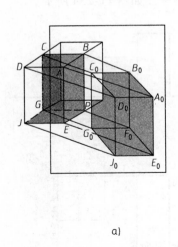 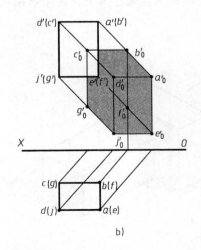

a)　　　　　　　　　　　　b)

图 11-21　棱柱体的阴影

a) 空间状况　b) 投影图

阴线确定后，可直接求作阴线的落影即影线。其影线也会是封闭的平面或空间折线，如图 11-21b 所示。因落影在 V 面上，所以分析各段阴线与 V 面的位置关系，即可确定各段影线的方向。阴线 AE 和 CG 是铅垂线，JE 和 BC 是侧垂线，均与 V 面平行。其落影亦为与各段阴线的 V 面投影平行且等长的直线。阴线 AB 和 JG 为正垂线，其落影与光线的 V 面投影一致，成 $45°$ 方向。整个四棱柱的落影为一封闭的六边形。

（2）三棱锥的阴影。如图 11-22 所示的正三棱锥，锥底面为水平面，位于 H 面上，底面的落影即为自身，求其阴影的过程是：

① 求出锥顶的落影 s_0、s_0' 及假影 $\overline{s_0}$。

② 利用 $\overline{s_0}$，可作出侧棱落于 H 面上影线的 H 面投影 $\overline{s_0}a_0$ 及 $\overline{s_0}b_0$。利用它们与 OX 轴相交

成的折影点 1、2，与 s_0' 与连得落于 V 面上影线得 V 面投影 $s_0'1$ 和 $s_0'2$。

③ 由 $\overline{s_0}a_0$、$\overline{s_0}b_0$ 可知，阴线为棱线 SA 及 SB。于是可以判断出棱面 $\triangle SAB$ 朝向左前上方而为阳面，相对地，$\triangle SAC$ 和 $\triangle SBC$ 为阴面。

④ 加深轮廓线并将阴面与影涂上阴影线。

2. 组合体的阴影

求作组合体的阴影时，一方面应注意准确判断出阴线，排除位于立体凹陷处的阴线，因为该阴线不会产生相应有效的影线；另一方面要注意组合体自身表面可能成为承影面。组合体阴影的求作方法与前述相同。

图 11-23a 所示房屋轮廓，可视为由两个长方体组成。该组合体的向上、向前和向左的棱面均为阳面，其

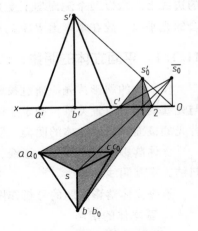

图 11-22　三棱锥的阴影

余为阴面。左前方的长方体在阳面 P、Q 与阴面 R 相交成阴线 BCD 折线。BC 的影子一段落于地面上，一段落在墙面 S 上，房屋落在地面上的影子，如图 11-23a 所示。

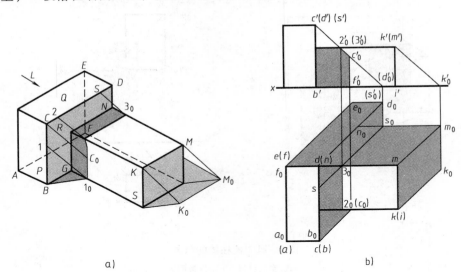

图 11-23　组合体的阴影
a）空间状况　b）投影图

在投影图中求作房体在地面上和自身墙面上的落影。其作图依据主要是前述关于直线落影的平行规律、垂直规律等。具体作法如图 11-23b 所示。

11.2　建筑细部的阴影

建筑物由平面立体组成时，作建筑物的阴影，实质上就是确定阳面、阴面和阴线。阴线确定后，需要分析清楚各段阴线与有关承影面的相对位置，充分运用前述的直线落影规律和各种作图方法，逐段求出这些阴线的落影，从而完成建筑物的阴影。下面列举一些常见的建

筑细部的阴影。

11.2.1 门、窗和雨篷的阴影

1. 窗洞的阴影

图 11-24 所示为窗洞的阴影，从该图中可以看出，阴面与阳面为投影面的平行面和垂直面，阴面在投影图中均积聚成直线或不可见，阴线与承影面平行或者垂直。因此，作图时应充分利用直线落影的平行规律和垂直规律。同时，要特别注意点的落影规律：点到承影面（投影面或平行面）的距离，能够直接反映投影图中点的落影到点的投影之间的水平或者垂直距离。这是在作图中确定阴线落影位置的重要依据。

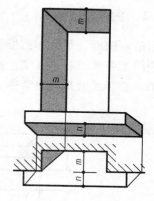

图 11-24　窗洞的阴影

图中窗口的阴线平行于窗扇平面（图中简化为与内墙面平行的平面），它们在窗扇平面或窗外墙面上的落影与相应的阴线平行，在 V 面投影中，落影与阴线的距离等于洞口深度 n，窗台、遮阳板和窗套的挑出宽度 m 等值。只要知道这些距离的大小，即可脱离平面图而在立面图中直接加绘阴影。图 11-24 中的阴线有正平线，求作立面图的落影时，阴线与影线仍平行，需要注意，此时阴线与影线的距离，并不能等于阴线与承影面的距离。

2. 门洞和雨篷的阴影

图 11-25a 中踏步的阴线，为铅垂线 AB 和正垂线 BC，故 AB 在地面上的影子为 45°方向，BC 在地面上的影子平行 BC 本身，落在墙面上的影子为 45°方向，它们的投影方向不变。门洞的阴线为铅垂线 DE 和侧垂线 EF。DE 在踏步顶面上的影子为 45°方向，在门扇上的影子为竖直方向。EF 在门扇上的影子为水平方向，投影方向不变。

图 11-25b 为雨篷影子落在墙面上的影子。雨篷的阴线由正垂线 GH、侧垂线 HJ、铅垂

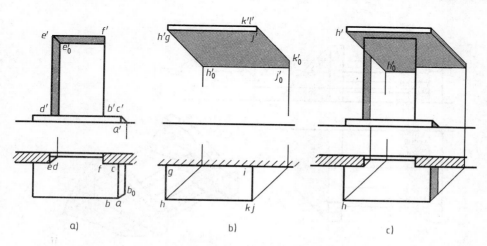

图 11-25　门洞和雨篷的阴影

a）踏步和门洞的阴影　b）雨篷的影子　c）门洞的影子

线 JK 和正垂线 KL 所组成，故 GH、KL 的影子及其 V 面的投影为 45°方向；$h_0'j_0'$、$j_0'k_0'$ 分别与 $h'j'$、$j'k'$ 平行，为水平及竖直方向。

图 11-25c 为雨篷上靠近点 H 的影子 H_0 等落于门扇上时的情况。过点 H 的 V 面垂直线落于墙面和门扇影子的 V 面投影仍然成 45°方向的一条直线；过点 H 的 W 面垂直线落于门扇和墙面上两段影子的 V 面投影岔开，差距等于门扇凹进去墙面的厚度。

11.2.2 台阶的阴影

台阶由踏面、踢面和挡板组成。在图 11-26 所示的位置，踏面和踢面均是阳面，左侧挡板的阴线是铅垂线和正垂线，通过阴线所作的光平面是一正垂面，它与踏步各级水平面及正平面的相交折线就是阴线落影。

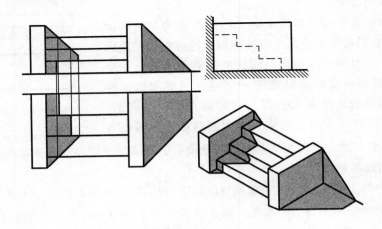

图 11-26　矩形栏板台阶的阴影

【例 11-1】　图 11-27 为一座台阶的投影图，台阶两侧各有一块折线状栏板，求作阴影。

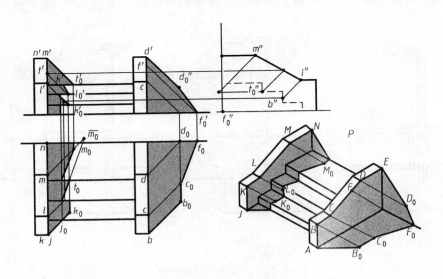

图 11-27　折线状栏板落于台阶上的影子

右方栏板的阴线为 $ABCDE$，影子落于地面和墙面 P 上。铅垂线 AB 落于地面上影子的 H 面投影 a_0b_0 和正垂线 DE 落于墙面上影子的 V 面投影 $d_0'e_0'$，均为 $45°$ 方向。正垂线 BC 落于地面上影子的 H 面投影 b_0c_0，与 bc 平行且等长；斜边 CD 的影子，一段落于地面，一段落于墙面，交于墙脚线上折影点 F_0，相当于 CD 上一点 F 的影子。F_0 的求法，可利用墙脚线和 f_0'' 的 W 面积聚投影，由 f_0'' 作光线的返回线的 W 面投影，于 $c''d''$ 上得出 f''，就可以求出 f' 或 f 来作出 f_0' 和 f_0。左方栏板的阴线为 $JKLMN$，踏步的踏面或踢面以及它们的棱线，均垂直于 W 面，利用它们的积聚性投影，即可得出 K、L、M 三点的影子 K_0、L_0、M_0，并可知阴线上的点的影子落于踏步的棱线上。

11. 2. 3　求作建筑物阴影的一般步骤和方法

1）进行形体分析：把建筑物分析成由哪些基本几何体所组成，它们的形状、相对大小和相互位置关系。

2）判别出阳面和阴面，它们的分界线属于凸角时则为阴线，并判别出承影面。

3）根据阴线与承影面相互之间，以及与投影面之间的位置关系，利用有关影子及其投影的平行、相交、$45°$ 方向、对称等特性，作出阴线的影子，即为影线。作图时应严格区分出阴影的空间特性和投影特性。

4）如不能先判别出阳面和阴面，则先作出属于凸角处棱线的影子，它们中的最外者，即为影线，对应它们的棱线即为阴线，因此可以判断出阳面和阴面。

5）最后将阴面和影子涂上淡色、加均布细点或作阴影线来表示阴影。除练习外，不必画出光线、作图线，也不注出字母符号。

【例 11-2】　图 11-28 为一座 L 形平屋顶房屋轮廓的投影图，求作阴影。

由投影图中判断，屋檐的阴线为 $ABCDEF$ 及 $GJKLA$。FG 因属凹角，故不是阴线。落影的作法如图所示。

阴线 CD 和 GJ 与墙面平行，在墙面上的落影必与阴线平行，其距离反映檐口挑出的宽度。影线 $c_0'm_0'$ 和 $m1'd1'$ 是阴线 CD 落于两平行墙面上的落影，互相平行，点 m_0' 是落影的过度点。阴线 GJ 的落影作法与 CD 相同。

铅垂线 DE 落影在与其平行的墙面上。其落影与阴线平行，即 $d1'e1'/\!/d'e'$，阴线 EF 为正垂线，落于封檐板上的影子和墙面上的影子的 V 面投影，为 $45°$ 直线。

落于地面上的影子中，

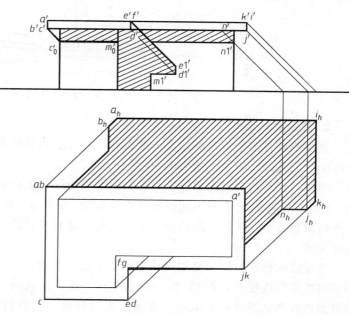

图 11-28　L 形平屋顶房屋的阴影

因阴线 *AB*、*JK* 为铅垂线，其 *H* 面投影 *ahbh*、*jhkh* 为 45°直线。阴线 *KL*、*LA* 平行于地面，其 *H* 面投影 *khlh*∥*kl*、*lhah*∥*la′*且等长。阴线 *GJ* 也有一段影子落于地面上，即 *nhjh*，*n1* 是影子的过度点。

11.3 透视图的画法

11.3.1 透视概述

1. 透视图的形成

人们透过一个假想的透明平面 *P* 来观察某一空间形体，然后把观察得到的视觉印象描绘到该平面上，这样就可以得到一幅反映这一形体空间形状的平面图像。观察平面图像，人的眼睛应该处在与描绘过程相同的位置上，平面图象和空间形体在人眼的视网膜上的成像是极其相似的。用这种原理描绘的平面图像，接近人眼的视觉印象，富有立体感和空间感。这种以人的眼睛为中心的中心投影，通常称为透视图，简称透视。

图 11-29 是某大楼的透视图，人们透过画面 *P* 看建筑物，逼真地反映了这座建筑物的外貌。

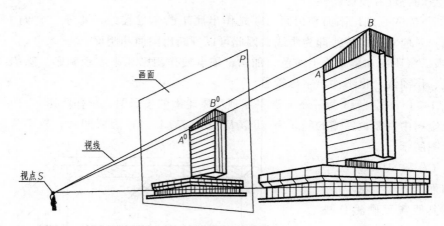

图 11-29 透视的形成

2. 透视图的作用

透视图具有形象逼真的特点，使人看后有身临其境的真实感，因而被人们广泛应用于艺术创作、工程设计以及日常生活中。

在进行建筑物的室内装饰设计时，根据房间的大小和家具的配备，利用绘制透视图的方法，将家具在室内的各种不同的布置方法画出，如图 11-30 所示的室内透视图，模拟出想象之中的布置方案，从而评判设计方案的优劣，这对于创造一个舒适、优美的室内环境将是十分有益的。

透视图在建筑设计和规划设计中也是十分必要的。建筑和规划设计工作者，经常要绘制在不同位置的透视图，图 11-31 为建筑单体。这些透视图可用以分析研究所设计的建筑物的造型和建筑物之间的相互关系，推敲建筑物各部分的比例关系和建筑物群体的节奏是否完美。由于透视图真实感强，能给人们以实际的视觉印象，所以建筑和规划设计人员也常常用

图 11-30　室内装饰透视

图 11-31　建筑单体的透视图

来深入表达设计意图，作为补充说明的图样，从而使人们直观地了解建筑设计和规划的意图，对设计方案提出评论，作为修改、完善设计方案的主要依据之一。

透视图符合人眼的视觉印象，形象直观，易于理解。研究建筑透视图的作图规律，却是十分枯燥、抽象的。首先要从研究透视的基本规律入手，牢牢地掌握基本几何元素点、线、面的作图方法，反复练习基本形体作图，这样，才能把复杂多样的建筑形体透视作图简化为基本元素的透视作图。

11.3.2　透视的基本术语

在学习绘制建筑透视图之前，还必须掌握一些专用术语和符号，如图 11-32 所示。

画面 P：透视所在平面，相当于上述观察者与被观察的建筑形体之间所设立的假想透视平面。本书未作特殊注明时，画面 P 始终假定处于铅垂位置。

视点 S：视点的位置相当于观察者眼睛所在的位置。

画面、视点、建筑形体，是形成建筑透视图的三个基本要素。

基面 G：放置建筑物的水平面，相当于三面正投影体系中的 H 投影面。因而，依然可以将绘有建筑平面图的 H 投影面理解为基面。

站点 s：观察者站定的位置，站点实质上是视点 S 在基面上的正投影 s。

视高 H：视点 S 与站点 s 之间的高度。

视线：由视点 S 至空间点之间的连线，如图中的 SA。

基线 gg：画面 P 与基面 G 的交线。

心点 s'：视点 S 在画面 P 上的正投影。

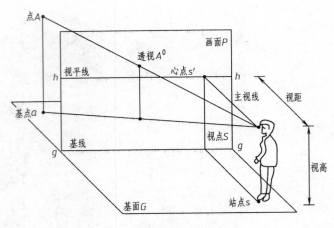

图 11-32　透视术语

主视线：发自视点并垂直于画面 P 的视线，也就是视点 S 与心点 s' 之间的连线。

视平线 hh：水平视平面与画面 P 的交线，主点 S^0 必然在视平线 hh 上。视平线 hh 与基线 gg 之间的距离反映视高 H。

透视：从图 11-32 中，点 A 是空间任意一点，SA 是引自视点 S 并过 A 点的视线。根据形成透视的原理，视线 SA 与画面 P 的交点 A^0，称为空间点 A 在画面 P 上的透视。

11.3.3　点的透视

1. 点的透视

点的透视即过该点的视线与画面的交点。

如图 11-33 所示，点 A 位于画面 P 后方，引视线 SA，与 P 面的交点 A^0，即为 A 点的透视。

点 B 位于画面前方，则延长视线 SB，与 P 面交得透视 B^0。

点 C 恰在画面 P 上，则通过 C 点得视线与 P 面的交点 C^0，即为 C 点本身。本书为简洁起见，点在画面上时，其透视不再另用字母标记。

点 D 的视线 SD 平行画面 P 时，则与画面相交于无穷远处，因而在有限大小的画面上不存在透视。

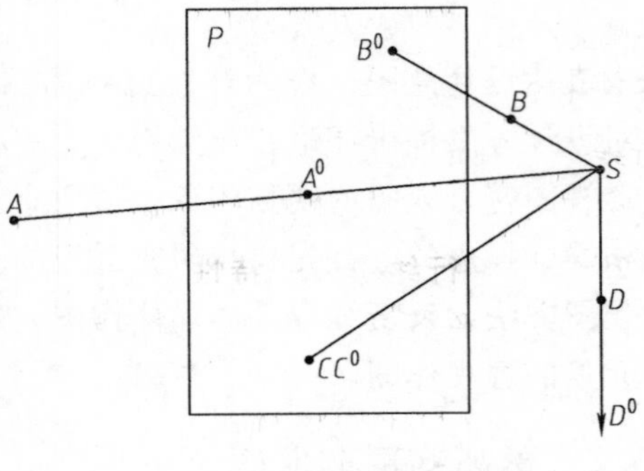

图 11-33　点的透视

2. 点的透视画法——正投影法

点的透视，可利用正投影法中求直线与 V 面的交点方法作出。

如图 11-34 所示，空间点 A 的两面投影为 a、a'，视线 SA 在画面上的投影为连线 S^0a'。因透视 A^0 在画面 P 上，其透视为本身，故 A^0 必在 S^0a' 上。又因视线 SA 的 H 面投影为连线 sa，因 P 面上 A^0 的 H 面投影既在 sa 上，也在基线 gg 上，而它们的交点为 a_g^0。连系线 $A^0a_g^0$ 是投射线，必垂直于基线 gg。因此，点 A 的透视 A^0，位于该点的 H 面投影 a 和站点 s 间连

线 sa 与基线 gg 交点 a_g^0 处竖直线上。

为了使作图清晰，通常把基面 G 和画面 P 分开放置在同一个平面上。习惯上把基面放在下方，画面放在上方，左右对齐，使作图符合正投影规律，如图 11-34b 所示。

这种利用视点和空间点等的正投影来作出透视的方法，称为正投影法。这是作透视的最基本的方法。但是在以后作其他几何形体的透视时，可以利用它们的透视特性来使得作图更规律，所以一般不用正投影法来作透视。

11.3.4　直线的透视

1. 直线的透视

如图 11-35 所示，直线的透视，一般情况下仍为直线（图 11-35 中直线 AB），但当直线通过视点时，其透视仅为一点（图 11-35 中直线 CD），当直线在画面上时，其透视即为本身（图 11-35 中直线 KL）。

根据直线与画面的相对位置关系，可分为两类：与画面平行的直线，称为画面平行线；与画面相交的直线，称为画面相交线。

2. 画面平行线的透视特性

1）画面平行线的透视，与直线本身平行。

如图 11-36 中，直线平行画面 P，通过它的视平面 SAB 与画面相交得直线，即透视 A^0B^0 与直线 AB 平行。

2）画面平行线上各线段的长度之比，等于这些线段的透视的长度之比。

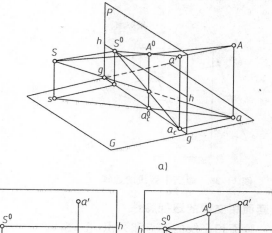

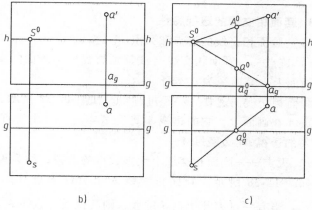

图 11-34　点的透视画法——正投影法

a）空间状况　b）已知条件　c）作图过程

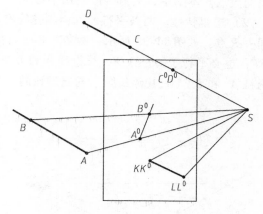

图 11-35　直线的透视

如图 11-36 中，画面平行线 AD 上各线段长度之比，等于 AD 的透视 A^0D^0 上各线段长度之比，即 $AB:BC:CD = A^0B^0:B^0C^0:C^0D^0$。

3）两条互相平行的画面平行线的透视，仍互相平行。

如图 11-37 所示，画面平行线 $AB /\!/ CD$，因为它们的透视 $A^0 B^0 /\!/ AB$，$C^0 D^0 /\!/ CD$，所以 $A^0 B^0 /\!/ C^0 D^0$。

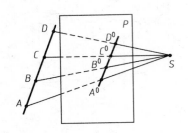

图 11-36　画面平行线的透视

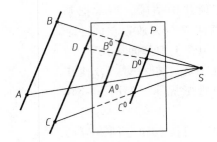

图 11-37　平行的两条画面平行线

3. 画面相交线的透视特性

（1）画面相交线的迹点和灭点。

1）迹点——画面相交线（或其延长线）与画面的交点，称为画面迹点，简称迹点。迹点在画面上，其透视为它本身。

画面相交线的透视，必经过迹点。如图 11-38 所示，直线 A 与画面 V 相交于迹点 $\overline{A}$。由于迹点 $\overline{A}$ 在画面上，它的透视 $\overline{A}^0$ 即为 $\overline{A}$ 本身，且由于直线的透视必经过直线上各点的透视，所以 A 的透视 A^0 必经过 $\overline{A}$。

2）灭点——画面相交线上无限远点的透视，称为灭点。

如图 11-38 所示，画面相交线 A 上有许多点 A_1、A_2、$A_3 \cdots$，它们的透视为 A_1^0、A_2^0、A_3^0、$\cdots$。当有一点离开视点 S 越远，则其视线与直线 A 之间的夹角越小。设一点在直线 A 上无穷远处，则过该点的视线 SF 将平行直线 A。SF 与画面 P 相交于一点 F，即为直线上无穷远点的透视。因为整条直线的透视好像消失于此，所以称此点为直线的灭点。因此直线的灭点位置，是平行于该直线的视线与画面的交点。画面相交线的透视（或延长线），必通过该直线的灭点。本书中，灭点一般采用字母 F 表示。

（2）透视特性。两条平行的画面相交线有同一灭点，它们的透视（或延长线）相交于该同一灭点。如图 11-39 所示，两条互相平行的画面相交线 A 和 B，与其中一条如 A 平行视线 SF，也必平行于另一条 B，故直线 A 和 B 有一条视线 SF，因而有同一个灭点 F，即它们的透视 A^0 和 B^0（或其延长线）均通过该同一个灭点 F。

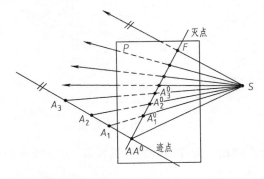

图 11-38　画面相交线的迹点和灭点

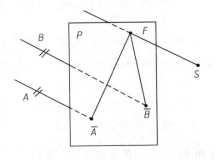

图 11-39　平行的两画面相交线

推广之，所有互相平行的画面相交线有同一个灭点，即它们的透视消失于同一个灭点。

4. 铅垂线的透视高度（真高）

铅垂线与画面平行，它的透视也是铅垂线，它的透视高度随它与画面的距离而改变。

根据铅垂线与画面的位置关系可分为 3 种情况：

（1）铅垂线在画面上。位于画面上的铅垂线的透视高度即其本身，反映直线的真实高度，故称为真高线。

如图 11-40 所示，立方体的一条棱边 AB 在画面上，则该垂直线即为真高。$a^0 b^0$ 为真高线，其余垂直线（其余立方体的棱边）可以根据真高线，引透视方向，求出透视高度。

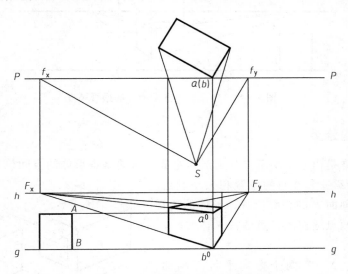

图 11-40　铅垂线在画面上的透视高度

（2）铅垂线与画面相交。如图 11-41 所示，立方体的一条棱边 AB 与画面相交，在相交处作迹点位置直线 $\overline{AB}$ 的 H 面投影 $\overline{ab}$，迹点位置直线的透视反映真高，即 $\overline{a^0 b^0}$ 是真高线。直线 AB 的透视高度由真高线 $\overline{a^0 b^0}$ 引透视方向线，再连接视线得 $a^0 b^0$。

（3）铅垂线在画面之后不与画面相交。如图 11-42 所示，立方体的棱边 AB 在画面之后不与画面相交时，延长直线 AB 与画面相交于 $\overline{AB}$（迹点位置），

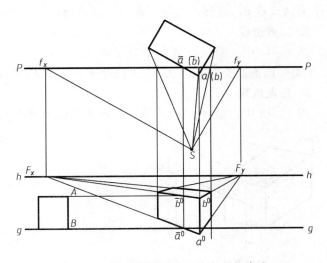

图 11-41　铅垂线与画面相交的透视高度

则 $\overline{a^0 b^0}$ 是真高线。直线 AB 的透视高度由真高线 $\overline{a^0 b^0}$ 引透视方向线，再连接视线得 $a^0 b^0$。

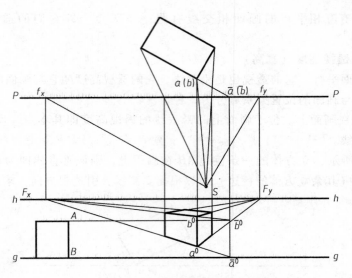

图 11-42　铅垂线不在画面上的透视高度

11.3.5　透视的分类

建筑形体通常是由若干个基本几何形体组成。这些基本形体的空间位置用长度、宽度和高度，既 X、Y、Z 三个方向的位置和大小确定。根据三个向量与画面 P 的相对位置，形体的透视分为一点透视、两点透视和三点透视 3 种类型。

1. 一点透视

图 11-43 中，X、Z 两个方向平行于画面，只有 Y 方向与画面相交。因此，只有 Y 方向存在一个主向灭点 S，这样的透视，称为一点透视。

2. 二点透视

图 11-44 中，当只有 Z 向平行于画面 P，而

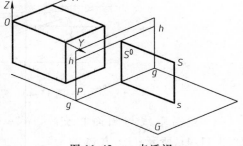

图 11-43　一点透视

X、Y 向与画面相交时，存在 X、Y 两个主向灭点 F_X 和 F_Y，这样的透视，称为二点透视。

3. 三点透视

图 11-45 中，当 X、Y、Z 三个方向都与画面 P 相交时，必然存在着 X、Y、Z 三个主向

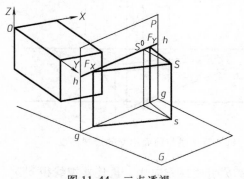

图 11-44　二点透视

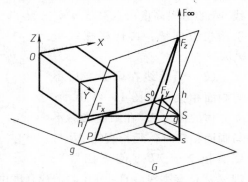

图 11-45　三点透视

灭点 F_X、F_Y、F_Z，这样的透视，称为三点透视。

实际绘制透视图时，可根据建筑形体的特点、所处环境、图面效果要求等，来选择不同的透视类型。三点透视常用于高层建筑和特殊视点位置，因为失真较大，绘制也较繁琐，一般较少采用。

11.3.6 两点透视画法

建筑形体的透视为建筑形体表面的透视。作建筑形体的透视实际上为作形体的棱线的透视，即作直线的透视。

1. 视线法作图原理

如图 11-46 所示，由视点 S 向空间几何元素引视线，视线与画面的交点，即空间元素的透视。显然直线 CD 的透视方向，即直线迹点 T 与灭点 F 的连线 FT。像这样利用视线迹点确定透视图的方法称为视线法。以下通过几个实例加深对本方法的理解。

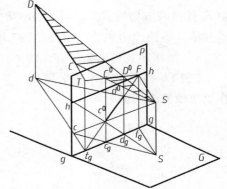

图 11-46 视线法作图原理

2. 视线法作图示例

【例 11-3】 已知建筑形体的平面图与立面图，画面、视点等的已知条件，如图 11-49 所示，求作该形体的透视。

1）分析：该建筑形体由左右两个长方体组成，共有 3 种方向直线，所有墙角线，即侧棱 AA_1、BB_1、CC_1 等，均为竖直线且平行于画面，它们的透视仍为竖直方向；其余为两组方向不同的水平线，它们的灭点为 F_X、F_Y，作法如图 11-47 所示。

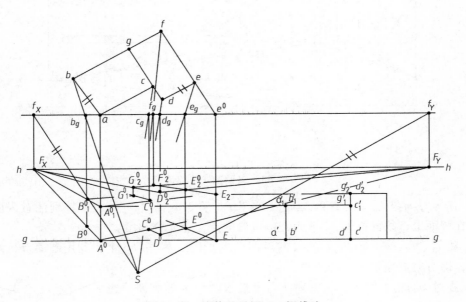

图 11-47 形体的透视——视线法

2）作迹点位置直线。因 AA_1 在画面上，点 A 为迹点位置，所以先作点 A 的透视 A^0，其透视为本身，且是真高线，AA_1 的高度可由 A^0 作竖直线，与右方的正面投影的高度连线相交于 A_1^0（如正面投影未置于旁边，则可量取高度即是）。$A^0 A_1^0$ 即为墙角线 AA_1 的透视。

3）视线法作其他直线的透视。作直线 AB 透视：先从 A^0 引透视方向线 $A^0 F_X$，点 B 的透视即在连线 $A^0 F_X$ 上。再作 AB 的视线，即连线 Sb 与画面交于 b_g，引竖直投影线与 $A^0 F_X$ 相交于 B^0，即为点 B 的透视。左方长方体的棱线作法类似，如图 11-47 所示。

4）不在迹点位置形体棱线的透视作法。右方长方体，没有一条棱线在画面上，即没有迹点位置的角点。作直线 EE_2 的透视：延长 ef 与画面交于 e^0，e^0 为迹点位置，由 e^0 作竖直线即为真高线。EF 直线的高度，由此量取真高线。连接透视方向线 $\overline{EF_X}$ 与视线 SE 交于 E^0，即为点 E 透视。由正面投影中 d_2' 作水平线与真高线相交与 E_2^0（量取直线 EE_2 的高度），由 E_2^0 作透视方向线 $E_2^0 F_X$，与视线 SE 交于 E_2^0，连接 $E^0 E_2^0$ 即为棱线 EE_2 的透视。同理可以完成其他各条棱线的透视，如图 11-47 所示。

5）加深建筑形体最后完成的透视图线。

【例 11-4】 已知出檐平屋顶的平、立面图及视点 S、视高和画面，如图 11-48 所示，求作该房屋的透视图。

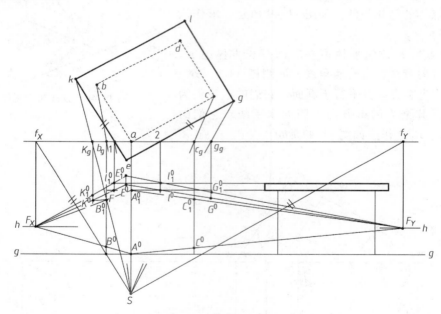

图 11-48　出檐平屋顶的透视

1）作 sf_X，sf_Y，连 s 与各顶点与 gg 交于 f_X、f_Y、a、b_g、$c_g\cdots$，要特别注意因屋檐上点 Ⅰ、Ⅱ 在画面上，故其投影 1、2 为特殊位置的点，应充分利用。

2）将 f_X、f_Y、a、b_g、$c_g\cdots$ 各点移至画面上，F_X、F_Y 在 hh 上，利用画面上棱线 $A^0 a$ 为真高线，即可完成建筑下部的透视。

3）在过 l 的铅垂线上，根据地面高度量取 $l^0 I_g$ 为屋真高，连 $F_X l^0$、$F_X l_1^0$，与过 k_g、e_g 的铅垂线相交，即可完成屋檐 KE 的透视 $K^0 E^0$。

4）同理，利用点 2 可完成屋檐 EG 的透视 E^0G^0，连 G^0F_X、K^0F_Y，为建筑的转角轮廓，绘出屋顶厚度的透视，完成全部作图。

11.3.7 一点透视画法

一点透视主要用来表达室内的透视。绘制一点透视的原理和方法同两点透视的作法相同，但在绘制室内透视时，为了使室内透视图的画面大些，往往将画面放于房间的中部，或视距较远的墙面上，使室内的大部分墙面、顶棚和地面伸在画面之前，这时透视图的一部分为缩小透视，而大部分为放大透视。

【例 11-5】 绘制图 11-49 所示的一间办公室的透视。

由 H 面投影可知，画面与地面、顶棚、左右墙面交于矩形 1357，透视 $1^03^05^07^0$ 将与之重合，反映了房间的宽度和高度。

正面墙壁 2468 平行于画面。左右墙壁的墙脚线 12、78 和墙顶线 34、56 垂直于画面，灭点为 F，迹点为 1、3、5、7 四点。连接 $F1^0$、$F3^0$、$F5^0$ 和 $F7^0$ 为这些线的透视方向线；再由 $s2$（$s4$）、$s6$（$s8$）与画面交点处作竖直线，交得墙脚线 2^04^0、6^08^0；并连得墙脚线 4^06^0 均为水平，$2^04^06^08^0$ 是与 $1^03^05^07^0$ 相似的矩形。

图中 1^03^0 为右墙的真高线，在上量取窗口高，于是连线 $\overline{A}F$，与由 sa 与画面的交点处作竖直线，从而交得 A^0。

正面墙上门顶的透视 B^0C^0 的位置，是用真高线 1^03^0 作图的，即在空间，延长水平的

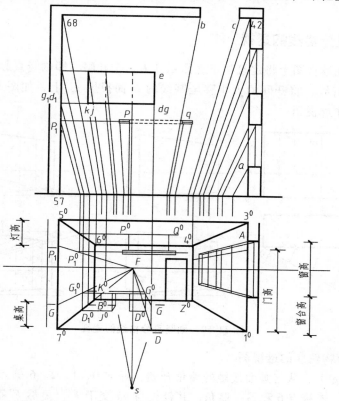

图 11-49 办公室的透视

BC，与墙角线 24 交于 B_1 点，再由 B_1 在右墙上作水平线 $B_1\overline{B}$，得出反映门高的迹点 $\overline{B}$。因此作透视时，先按门高定出 $\overline{B}$ 点，作连线 BS^0，与 2^04^0 交于 B_1^0 点，由之作水平线，与连线 sb、sc 与画面的交点处作竖直线，交得 B^0C^0 和门框边线的透视。

桌子的位置，延长边线 dj，与左方墙脚线交于 D_1（d_1）点。因此作透视时，先作 D_1^0，即在 sd_1 与画面交点处作竖直线，与墙脚线 7^08^0 交得 D_1^0，由之再作水平线，与 sd 与画面交点处作竖直线交得 D^0。

桌子的高度 D^0G^0，可用真高线 $\overline{D}\,\overline{G}$ 来作出。延长 GK，与左墙面交于 G_1 点。D_1G_1 必为一竖直线，再在墙面上作水平线 $G_1\overline{G_1}$，与 57 交得反映桌高的迹点 $\overline{G_1}$。作透视时，先由桌高定 $\overline{G_1}$，再作连线 $F\overline{G}$，与 D_1^0 处竖直线交得 G_1^0，由之作水平线，与 D^0 处竖直线交得 G^0 和 D^0G^0。然后就可以用视线的投影等完成整张桌子的透视。

吊灯 PQ 的透视 P^0Q^0 的作法与求 D^0G^0 相同，结果如图 11-49 所示。

11.4 透视图的简捷作图法

建筑物立面上有柱、梁、门、窗等构件，建筑室内装饰中有地面、天花板的装饰作法等建筑细部，细部的图形很小，应用基本作图法作图时，由于作图线很长，误差较大。在这些情况下，可以直接在透视图上用简捷的方法把这些细部或其他部分画上，可使作图更加简单。

11.4.1 画竖直分格线的透视

假设要直接在透视图上将建筑物正立面划分为六个开间，即画竖直分格线。可先在建筑物平面图上作平行线，将开间的大小移至基线的 H 面投影 gg 上，如图 11-50 所示。这样，即可按下述步骤作透视图。

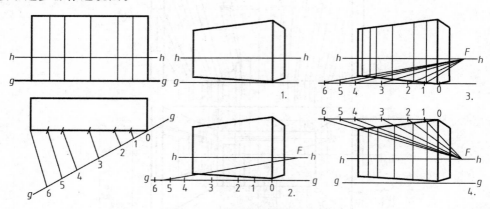

图 11-50　画竖直分格线的透视

1）作出建筑物轮廓的透视图。

2）在基线 gg 上，从与画面接触的墙角开始，截取 0、1、2、6 等点，使每段等于相应开间的实际大小，连接点 6 和另一墙角，并延长与 hh 交于 F'。显然 F' 就是在平面图上用以移至开间大小的那一组平行线的灭点。实际上这组平行线是不必在平面图上画出的。只要在

透视图上作出 F'，就可对建筑物正立面进行划分。

3）连接各分点与 F'，再从截得墙脚线上的各分点引铅垂线，即得正立面六个开间的透视。

如果从墙角顶点引水平线进行作图，结果一样。

11.4.2　画水平分格线的透视

平面水平方向分格线透视的作法类似竖直方向分格线的作法。

如图 11-51 所示，墙角在画面上，则该墙角线是真高线。直接在该墙角线上作各横向分点，然后与相应的灭点 F 相连，即得正立面上各横向分格线的透视。

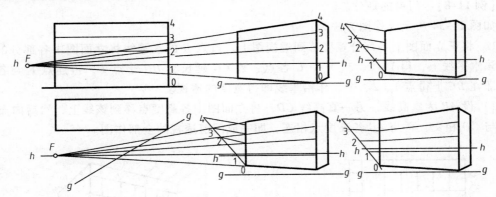

图 11-51　画水平分格线的透视

11.4.3　应用举例

【例 11-6】　连续立柱的作图。

如图 11-52 所示，其作图方法为：

过 AB 引直线，取 $AB = BC$，连 CC 交 HH 于 F。

已知各柱的间距为 CD，取 $DE = AB$，连 DF、EF 与 BS 相交得第二根柱子的透视位置；过点 D 作水平线与 AS 相交得正面透视，然后由各点引铅垂线即得透视高度。

【例 11-7】　窗扇分格的作图，如图 11-53 所示。

1）连对角线 AC、BD，即可对分窗扇。

2）设窗高为 4 等分，将 AB 作 4 等分，连各分点与点 F，完成横向分格。

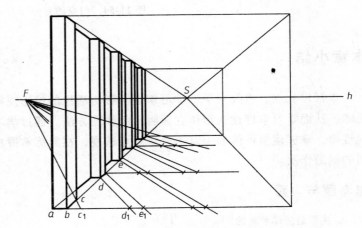

图 11-52　作连续立柱的透视

3）由对角线 AC 与横向分格与点 F 连线的交点作铅垂线，即可完成各窗扇的透视。

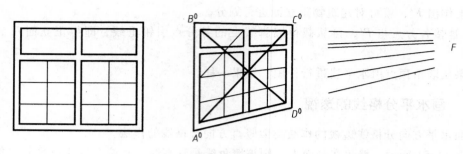

图 11-53　窗扇的划分

【例 11-8】　门窗的划分。

如图 11-54 所示，作图方法为：

1）将正立面图上各部分宽度移到透视图上，过点 B 的水平线将立面图中各部分的宽度移到该水平线上，得 1、2、3、…、C 各点，连 CC 延长交 HH 于点 F；再连点 F 与各宽度点，即在 BC 上得点 1、2、…，作铅垂线即得宽度的透视。

2）设 AB 为真高线，另一真高线 CD，将立面图中各高度点移到该线上，然后向点 F 引直线与 CD 相交，再与 AB 各高度点相连，即完成门窗透视的全部作图。

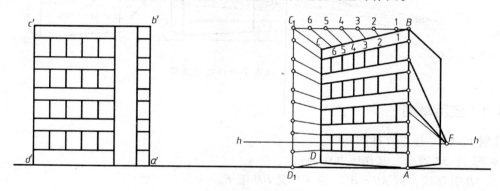

图 11-54　门窗的划分

本章小结

本章以从点、直线入手，学习掌握阴影与透视的投影规律。介绍了各种直线阴影的作图规律，从而学习掌握建筑形体立面阴影的作图方法。通过学习画面平行线、画面相交线的透视规律，掌握建筑形体的一点透视、两点透视，在熟练掌握视线法作图的基础上，学会透视图的辅助作图。

思考题与习题

1. 阴影是怎样形成的？
2. 画面平行线有哪些落影规律？
3. 画面相交线有哪些落影规律？
4. 如何确定平面立体的阴线？

5. 如何求窗洞、门洞、雨篷、台阶等建筑细部的阴影？
6. 透视图是怎样形成的？它有什么作用？
7. 如何确定直线的迹点和灭点？
8. 透视图是如何进行分类的？
9. 如何利用视线法作透视图？
10. 透视图有哪些简捷画法可以应用？

实习与实践

观察日常生活中建筑物在不同太阳角度照射下的影子。观察对比建筑物阴影与透视的区别和联系。

参 考 文 献

[1] 毛家华, 莫章金. 建筑工程制图与识图 [M]. 北京: 高等教育出版社, 2001.
[2] 何斌, 陈锦昌, 陈炽坤. 建筑制图 [M]. 北京: 高等教育出版社, 2005.
[3] 顾世权. 建筑装饰制图 [M]. 北京: 中国建筑工业出版社, 2001.
[4] 牟明. 建筑工程制图与识图 [M]. 北京: 清华大学出版社, 2006.
[5] 陈国瑞. 建筑制图与 CAD [M]. 北京: 化学工业出版社, 2004.
[6] 钱可强. 建筑制图 [M]. 北京: 化学工业出版社, 2002.
[7] 黄水生, 李国生. 画法几何及土木建筑制图 [M]. 广州: 华南理工大学出版社, 2003.
[8] 李国生, 黄水生. 土建工程制图 [M]. 广州: 华南理工大学出版社, 2002.
[9] 中国建筑标准设计研究院. 混凝土结构施工图平面整体表示方法制图规则和构造详图 11G101-1 [S]. 北京: 中国计划出版社, 2011.
[10] 孙世青. 建筑装饰制图与阴影透视 [M]. 北京: 科学出版社, 2002.
[11] 黄钟琏. 建筑阴影和透视 [M]. 上海: 同济大学出版社, 1995.
[12] 高远. 建筑装饰制图与识图 [M]. 北京: 机械工业出版社, 2003.
[13] 张小平. 建筑识图与房屋构造 [M]. 武汉: 武汉理工大学出版社, 2005.
[14] 赵研. 建筑工程基础知识 [M]. 北京: 中国建筑工业出版社, 2005.
[15] 王强, 张小平. 建筑工程制图与识图 [M]. 北京: 机械工业出版社, 2003.
[16] 苏小梅. 建筑制图 [M]. 北京: 机械工业出版社, 2008.
[17] 中华人民共和国建设部. GB/T 50001—2010 房屋建筑制图统一标准 [S]. 北京: 中国计划出版社, 2002.
[18] 中华人民共和国建设部. GB/T 50103—2010 总图制图标准 [S]. 北京: 中国计划出版社, 2002.
[19] 中华人民共和国建设部. GB/T 50104—2010 建筑制图标准 [S]. 北京: 中国计划出版社, 2002.
[20] 中华人民共和国建设部. GB/T 50105—2010 建筑结构制图标准 [S]. 北京: 中国计划出版社, 2002.
[21] 中华人民共和国建设部. GB/T 50106—2010 给水排水制图标准 [S]. 北京: 中国计划出版社, 2002.
[22] 中华人民共和国建设部. GB/T 50114—2010 暖通空调制图标准 [S]. 北京: 中国计划出版社, 2002.

教材使用调查问卷

尊敬的老师:

您好!欢迎您使用机械工业出版社出版的教材,为了进一步提高我社教材的出版质量,更好地为我国教育发展服务,欢迎您对我社的教材多提宝贵的意见和建议。敬请您留下您的联系方式,我们将向您提供周到的服务,向您赠阅我们最新出版的教学用书、电子教案及相关图书资料。

本调查问卷复印有效,请您通过以下方式返回:

邮寄:北京市西城区百万庄大街22号机械工业出版社建筑分社 (100037)
   张荣荣 (收)

传真:010-68994437(张荣荣收)   Email:21214777@qq.com

一、基本信息

姓名:_____ 职称:_____ 职务:_____

所在单位:_____

任教课程:_____

邮编:_____ 地址:_____

电话:_____ 电子邮件:_____

二、关于教材

1. 贵校开设土建类哪些专业?

☐建筑工程技术   ☐建筑装饰工程技术   ☐工程监理   ☐工程造价

☐房地产经营与估价   ☐物业管理   ☐市政工程   ☐园林景观

2. 您使用的教学手段:☐传统板书   ☐多媒体教学   ☐网络教学

3. 您认为还应开发哪些教材或教辅用书?_____

4. 您是否愿意参与教材编写?希望参与哪些教材的编写?

   课程名称:_____

   形式:☐纸质教材   ☐实训教材(习题集)   ☐多媒体课件

5. 您选用教材比较看重以下哪些内容?

☐作者背景   ☐教材内容及形式   ☐有案例教学   ☐配有多媒体课件

☐其他_____

三、您对本书的意见和建议(欢迎您指出本书的疏误之处)_____

_____

_____

四、您对我们的其他意见和建议_____

_____

_____

请与我们联系:

100037   北京百万庄大街22号

机械工业出版社·建筑分社 张荣荣 收

Tel:010-88379777(O),68994437(Fax)

E-mail:21214777@qq.com

http://www.cmpedu.com(机械工业出版社·教材服务网)

http://www.cmpbook.com(机械工业出版社·门户网)

http//www.golden-book.com(中国科技金书网·机械工业出版社旗下网站)